논리적 필연성을 뜻하는 must는 일반적으로 의문문과 부정문에는 사용되지 않는다. 대신에 현재시를 나타내는 의문문에서는 각각 can과 can't가 쓰이고, 과거시를 나타내는 부정문에서는 can't + 현재완료 형태가 쓰여 논리적으로 불가능하다는 점을 나타낸다.

Can she be the one you mean?
[그녀가 네가 말하는 그 사람일까?]
She **can't** be the one who did it.
[그녀가 그 일을 한 장본인이 아닐 거야.]
I **can't have seen** a ghost. — it **must have been** imagination.
[내가 유령을 보았을 리가 없어. 그것은 틀림없이 환상이었을 거야.]

must가 논리적 필연성을 나타낼 때 이에 대한 부정형 can't는 여러 가지 주어진 상황으로 미루어 보아 틀림없이 '...일 리가 없다'는 뜻을 나타낸다. $\begin{Bmatrix} \text{can't} \\ \text{couldn't} \end{Bmatrix}$ 가 쓰인 다음과 같은 상황이 이러한 뜻을 잘 나타내 주고 있다.[36]

Sam $\begin{Bmatrix} \text{can't} \\ \text{couldn't} \end{Bmatrix}$ be hungry! That's impossible! I just saw him eat a huge meal. He has already eaten enough to fill two grown men. Did he really say he'd like something to eat? I don't believe it. (Azar 1999: 178)
[샘이 배고플 이유가 없어! 그런 일은 있을 수 없어! 방금 그가 엄청나게 많은 식사를 하는 걸 보았어. 이미 성인 2인분이 될 충분한 양의 식사를 했지. 정말 그가 뭘 먹고 싶다고 말하던가? 그 말이 믿어지지 않아.]

5.4.9. have (got) to

1) have (got) to는 문법적으로 법조동사와 같은 역할을 하지 않기 때문에 부정문과 의문문에서는 일차적 조동사 do가 조작어 역할을 한다. 또한 미래시를 나타낼 때에는 will과 같

---

36 *Must* is not often used to express certainty in negative clauses. We normally use *cannot/can't* to say that something is certainly not the case, because it is logically impossible or practically impossible, or extremely improbable. — Swan (2005: 334); In (b): The speaker believes that there is no possibility that Sam is hungry (but the speaker is not 100% sure). When used in the negative to show degree of certainty, ***couldn't*** and ***can't*** forcefully express the idea that the speaker believes something is impossible. — Azar (1999: 178).

이 쓰이며, 과거시를 나타내는 형태는 had (got) to이다.

My eyesight isn't very good. I **have to** wear glasses for reading.
[나의 시력이 무척 좋지 않아. 책 읽을 때는 안경을 써야 하겠어.]

What bliss! — I **don't have to** go to work today.
[참으로 다행이군! 오늘 출근하지 않아도 된다니 말이다.]

Do you **have to** be so strict?
[너는 꼭 그렇게 엄격해야만 하는가?]

Drastic measures **will have to** be taken to restore order.
[질서를 회복하려면 과감한 조치를 취해야 할 것이다.]

또한 다음과 같이 비정형 동사형을 가질 수도 있다.

I hate **having to** get up early.
[나는 일찍 일어나야만 하는 것이 싫다.]

He is in the happy position of never **having to** worry about money.
[그는 결코 돈 걱정을 하지 않아도 되는 행운의 위치에 있다.]

   2) must가 사용된 문장에서는 주로 인간의 감정이 나타난다. 예컨대 You **must** do something.이라는 문장은 화자가 주어에게 어떤 일을 하는 것이 필요하다고 하는 감정을 전달하는 것이다. 반면에 have to는 강제나 필연성이 주로 외부에서 부과되는 경우에 널리 쓰인다. 즉, 외부의 권위나 규정 또는 피할 수 없는 갖가지 상황 등으로 말미암아 어떤 행위를 하지 않을 수 없게 되거나, 그렇게 하는 것이 필연적이라는 뜻을 나타낸다. 그러므로 have to는 인간적인 감정을 나타내는 것이 아니라, 전달하고자 하는 내용과 관련된 '사실'을 나타내는 것이다. 예컨대 You **have to** do something.은 화자의 감정과 관련된 것이 아니라, 규칙이나 주어진 상황 때문에 어떤 일을 해야 한다는 '사실'을 전달하는 것이다.[37]

---

[37] The meaning of *have to* differs from sense A(OBLIGATION) of *must* above in that the authority or influence of the speaker is not involved. *Have* to expresses obligation or requirement without specifying the person exercising power or influence. The constraining power may be some authority figure such as a doctor or an employer, the government, or simply the power of 'circumstances'. — Leech (2004: 80, 1989: 79); But there is a difference between **must** and **have to** and sometimes this is important: **Must** is personal. We use

Because of engine trouble the plane **had to** make an emergency landing.
[엔진 고장으로 그 비행기는 비상 착륙을 하지 않을 수 없었다. → 엔진 고장이라는 상황이 비상 착륙을 불가피하게 만든 외부적인 요인이라는 뜻임.]

The sender's return address **has to** go here in the upper left hand corner.
[발신자의 반송용 주소는 이곳 상단 왼쪽 모퉁이에 써야 한다. → 일반적인 규정이 그렇게 되어 있음을 뜻함.]

Athletes **have to** train continuously to stay in peak condition.
[운동선수들은 최상의 상태를 유지하기 위해 계속 훈련해야 한다. → 운동선수가 최상의 상태를 유지하기 위해 꾸준한 훈련이 불가피하다는 점을 말하고 있음.]

Though the discontent of the North Korean people is rising extremely high, they **have to** keep their mouth shut to stay alive.
[북한 주민들의 불만이 극도로 고조되어 가고 있지만, 살아남으려면 그들은 계속 입을 다물고 있어야만 한다. → 침묵이 생존에 불가피한 외적인 요인이라는 점을 말하고 있음.]

구어영어에서는 have got to가 have to를 대신해서 쓰이는 경우가 많은데, 특히 미국영어의 구어체에서는 have to가 더 많이 쓰이는 편이다.

I've got to go now.
[지금 가봐야 돼.]

You**'ve got to** take this medicine, whether you like it or not.
[싫든 좋든 넌 이 약을 먹어야 돼.]

We **have to** send these VAT forms back before the end of the month.
[월말 이전에 우리는 이 부가가치세 양식을 반송해야만 한다. → VAT: value added tax(부가가치세)]

1회에 한정된 특정한 상황일 경우에는 have got to가 쓰이는 반면, 습관적·반복적으로 일어나는 상황을 말하고자 하는 다음과 같은 예에서는 have to만 쓰인다.[38] 다음 두 문장

---

must when we give our personal feelings. **Have to** is impersonal. We use **have to** for *facts*, not for our personal feelings. — Murphy (1998: 62); *Have to* (do something), or, informally, *have got to* (do it) suggests that the obligation is prescribed by some authority, regulation, or by unavoidable circumstances. — Close (1992: 103).

38 Declerck (1991: 383, note 3) and Leech (2004: 104).

(3a, b)을 서로 비교하여 보자.

(3) a. Hotel guests **have to** check out by 12 noon.
　　b. Hotel guests **have got to** check out by 12 noon.
　　　[호텔 투숙객들은 낮 12시까지는 퇴실하여야 합니다.]

(3a)는 호텔 이용자들에게 일반적으로 적용되는 규칙을 기술하는 것으로서 습관적이라는 점을 나타내는 것이라고 여겨진다. 반면에 (3b)는 보통 때와는 달리, '오늘'에 한정해서 말하는 것으로 생각될 수 있다.

다음과 같은 예에서는 시간을 나타내는 부사구에 의해서 습관적·반복적인 상황을 나타내는 경우와, 그렇지 않은 경우가 뚜렷이 구분되고 있다.

I've got to go for a job interview tomorrow.
　[나는 내일 취업 면접을 하러 가야 한다.]
I can't come to work tomorrow morning because **I've got to** see the dentist at ten o'clock.
　[10시에 치과 의사의 진찰을 받아야 하므로 내일 오전에는 출근할 수 없다.]
I've got to catch a flight to L. A. in a couple of hours.
　[두 시간 후에 나는 L. A. 행 비행기를 타야 한다.]
Catholics **have to** go to church on Sundays.
　[가톨릭 교인들은 일요일에 교회에 나가야 한다. → 일요일마다 반복적으로 가야 한다는 뜻임.]
The child **has to** have an injection every other day.
　[그 어린이는 이틀에 한 번씩 주사를 맞아야 한다. → 이틀에 한 번씩 주기적으로 주사를 맞는다는 뜻임.]
He **has to** report to the probation officer once a week.
　[그는 일주일에 한 번씩 보호 관찰관에게 보고해야 한다.]

3) 말하는 시점이 아니라, 장차 발생할지도 모르는 의무(즉, 종종 장차 어떤 조건이 충족되는 경우에 발생하는 의무)를 가리킬 경우에는 must가 쓰이지 않고 will have to가 쓰인다.

If you forget to take your passport, you**'ll have to** come back for it.

[여권을 가지고 갈 것을 잊고 있다면 가지러 돌아와야만 할 것이다.]

If there is a bus strike tomorrow, I**'ll have to** take a taxi.

[내일 버스 파업 사태가 발생한다면 나는 택시를 타야 할 것이다.]

4) 논리적 필연성, 즉 논리적인 판단에 따라 도달하게 되는 현재의 결론을 나타내며, 이러한 경우에 have to는 must보다 다소 강조하는 뜻을 나타낸다.[39]

There **has to** be some reason for his absurd conclusion.

[그가 무모한 결론을 내린 데에는 분명히 어떤 이유가 있어.]

You **have to** be joking.

[농담을 하는 것이겠지.]

The elderly lady standing beside Jim **has (got) to** be his mother.

[짐 곁에 서 있는 나이가 많은 그 부인은 틀림없이 그의 어머니일 것이다.]

have to의 이러한 용법은 주로 비격식적인 미국영어에서 볼 수 있는 것이고, 영국인 화자들은 다음과 같은 두 개의 문장에서 must와 have to를 달리 해석한다.[40]

You **must** be mad to be a member of that club.

[그 클럽의 회원이라니 너는 틀림없이 미쳤어. → 논리적인 필연성]

You **have to** be mad to be a member of that club.

[그 클럽의 회원이 되려면 미친 사람이라야 한다. → 외부에서 부과하는 의무를 나타내는 뜻

---

39 The verb phrases *have to* and *have got to* express necessity and obligation. They differ subtly in meaning from the auxiliary verb *must*. While all of these verbs can be used to express a command or warning, *have to* and *have got to* are somewhat more forceful than *must* in expressing necessity. *There has* [or *has got*] *to be some mistake* conveys a bit more emphasis than *There must be some mistake*. — Pickett (2005: 216). See also Quirk et al. (1985: 226), Declerck (1991: 411), and Downing & Locke (2006: 382-383).

40 Declerck (1991: 412, note 4). 그러나 Quirk et al. (1985: 145, note [a])은 이와 달리 설명하고 있다. 즉, have (got) to의 이러한 용법이 최근까지는 미국영어의 어법으로 간주되었으나, 지금은 영국영어에서도 사용되고 있다고 말하고 있다: Both *have to* and *have got to* occur with epistemic meaning like that of *must* in sentences such as:

Someone $\begin{Bmatrix} \text{has to} \\ \text{has got to} \end{Bmatrix}$ be telling lies. You $\begin{Bmatrix} \text{has to} \\ \text{have got to} \end{Bmatrix}$ be joking.

This has until recently been regarded as an AmE usage, but is now also current in BrE.

으로, 미친 사람만 회원 자격이 부여된다는 뜻임.]

5.4.10. should/ought to

1) ought to는 주변적 법조동사로서 다음과 같은 문법적인 특성을 갖는다.
  a. 부정형으로 두 가지 형태, 즉 ought not과 이에 대한 축약된 형태 oughtn't가 있다.

  You **ought not** to go.
    [너는 가지 말아야 한다.]
  It **oughtn't** to rain today.
    [오늘은 비가 오지 않을 거야.]

We ought to wake Helen, **oughtn't we**?[41](헬렌을 깨워야 하지, 안 그런가?)에서처럼 부가 의문문에서는 항상 축약된 형태로만 나타나며, to는 반드시 탈락된다.
  b. 의문문에서는 주어를 사이에 두고 ought와 to가 분리된다.

  Ought you **to** smoke so much?
    [담배를 그렇게 많이 피워야 하느냐?]

  c. 짧은 대답에서는 to가 생략될 수 있다.

  Yes, I think I ought (**to**).
    [예, 그렇게 해야 할 것 같아요.]

  d. always, never, really 등 문중에 놓이는 부사는 ought의 앞 또는 뒤에 놓일 수 있지만, 앞에 놓이는 것은 덜 격식적이다.

---

41 ought to가 쓰인 서술문에 대한 부가 의문문에 조작어로서 oughtn't 대신에 shouldn't로 바꿔 쓸 수 있다:
  He **ought to** come tomorrow, **shouldn't** he? (Palmer 1987: 132)
    [그가 내일 와야 할 것이다, 안 그런가?]

You *always* **ought to** carry some spare money.

You **ought** *always* **to** carry some spare money.
  [항상 용돈을 조금 갖고 다녀야 해.]

2) should와 ought to는 서로 바꿔 쓸 수 있는 것으로서, 기본적으로 어떤 행위를 하는 것이 의무이거나, 그러한 행위를 하는 것이 바람직하다는 뜻을 나타낸다. 다시 말하자면, 이들은 주어가 반드시 따라야 한다는 강제성을 띠지 않기 때문에 누가 어떤 일을 하는 것이 마땅하지만, 반드시 그렇게 따르지는 않을 것이라는 점을 암시하는 경우에 많이 쓰인다.[42]

You **should** send in accurate income tax returns.
  [여러분은 정확한 소득세 신고서를 제출해야 합니다.]

People who live in glass houses **should**n't throw stones. — proverb
  [유리 집에 사는 사람은 돌을 던지지 말아야 한다. 즉, 허물이 있는 사람은 남을 비방해서는 안 된다는 뜻. — 격언]

A man **should** not be too precisely analytical of a woman.
  — E. Hemingway, "Advice to a Young Man"
  [남자는 여자를 너무 꼼꼼하게 분석하지 말아야 한다.]

Such things **ought** not **to** be allowed.
  [그런 일이 허용되어서는 안 된다.]

'You { **ought to** / **should** } finish your work before going out.'

— 'I know I **should**.'
  ['외출하기 전에 네 일을 끝마쳐야 하지.' — '알고 있어요.']

그럼에도 불구하고 양자 사이에는 약간의 차이가 있다. 즉, should는 현재시 또는 미래시

---

42 Deontic *should/ought to* is usually subjective, indicating what the speaker considers 'right' — whether morally (*One should always tell the truth*) or as a matter of expediency (*We should buy now while the market is depressed*). They are weaker than *must* in that they allow for non-actualization: *I should stop now but I'm not going to.* — Huddleston & Pullum (2002: 186); When you teach *should* and *ought to*, explain to your students that these are used when you give your advice or opinion about what to do, but that it doesn't mean the listener is obliged to take that advice. That's why we consider *should* and *ought to* as *benign* advice. — Firsten & Killian (2002: 151). See also Quirk et al. (1985: 377).

에 화자 자신이 주관적인 관점에서 보아 언급된 어떤 행위를 하는 것이 바람직하다고 하는 충고 또는 권고를 나타낸다.[43] 따라서 should는 대충 'in my opinion, it is advisable to ...'; 'it is your duty to ...'(내 견해로는 ...하는 것이 바람직하다. ...하는 것이 네 의무이다)라는 뜻이다. 이와는 달리, ought to는 대충 'it's your public duty to ...'(...하는 것이 너의 일반인들에 대한 의무이다)라는 뜻으로, 객관적인 관점에서 보아 언급된 어떤 행위를 하는 것이 도덕적·사회적 규범으로 보아 바람직하다는 점을 나타내는 것이므로 should보다 강하고 격식적인 것으로 여겨진다.[44] 특히 의문문과 부정문에서는 ought to보다 should의 사용 가능성이 높다.

You **should** have a good breakfast.
(= 'In my opinion, it is advisable for you to have a good breakfast.')
  [아침 식사는 잘 해야 하지. → 화자의 주관적인 견해를 말하고 있음.]

You **ought** not **to** park so near the crossing.

---

43 In this use(= obligation), *should* carries the connotation that, although the speaker/writer clearly considers something to be an obligation or duty, or the correct/sensible line of action, he is not confident that the correct or sensible thing will, in fact, be done. The speaker/writer does not impose an obligation, but rather makes a strong recommendation. It is as if he suggests 'this is my personal view, I hope you/he/etc. agree(s) and act(s) accordingly. — Ek & Robat (1984: 275).

44 Apart from this difference, *ought* and *should*, when expressing obligation, also differ semantically, and are thus not always interchangeable. When *ought* is said to be the 'stronger' of the two, this may be explained as follows. *Ought* conveys the notion of obligation objectively, while *should* does so subjectively: whereas *should* implies a personal opinion as to what is obligatory or the correct line of action, *ought*, by contrast, implies a consensus as to what is obligatory or the correct thing to do. — Ek & Robat (1984: 287); What is the difference between *ought to* and *should* when the latter is used to express obligation or duty? Quite frequently they appear to be interchangeable, but there are some cases where they obviously are not. This is particularly the case with certain fixed phrases. We could not use *ought to* in place of *should* in fixed phrases such as the Victorian saying *Children should not be seen not heard*. Similarly, it would seem strange to use it in the proverb: *People who live in glass houses shouldn't throw stones*. On the other hand, *He ought to be ashamed of himself* could scarcely be changed to *He should be ashamed of himself*. *Ought to* is stronger and more imperative than *should*, and the reason for this is probably that *should* merely expresses the speaker's view of the fact or situation, and therefore represents a personal opinion, whereas *ought to* relates the obligation to what is thought of as some kind of law (moral, social or physical) which has its force and validity irrespective of any particular person's view or opinion. — Wood et al. (1962: 211).

(= 'It is your public duty not to park so near the crossing.')
[건널목에 아주 가까운 곳에는 주차하지 말아야 돼. → 일반적으로 건널목 근처에 주차가 금지되어 있음을 나타냄.]

If you lose something on the plane or can't find your baggage at the claim area, you **should** report it to your airline. If you lose something in the airport, you **should** go to the lost and found.
— Nancy Church & Anne Moss, *How to Survive in the U.S.A.*
[비행기에서 물건을 잃어버렸거나 수하물 창구에서 수하물을 찾지 못하면 항공사에 신고해야 한다. 만약 공항에서 물건을 잃어버리게 되면 유실물 취급소에 찾아가야 한다.]

must는 진술된 내용의 실현성에 대한 구속력을 갖는다. 다시 말하자면, 화자가 진술하고 있는 어떤 상황이 발생하지 않는 것을 허용하지 않는다. 반면에, should와 ought to에는 must에서와 같은 구속력이 없기 때문에 진술된 상황이 발생하지 않을 수도 있다.[45]

You **should** apologize.
(= 'it would be a good thing to do.')
[너는 사과해야 한다. → 사과하는 것이 바람직하다는 뜻임.]
You **must** apologize.
(= 'you have no alternative.')
[너는 사과해야 한다. → 달리 선택의 여지가 없음으로 반드시 사과를 해야 한다는 뜻임.]
He **ought to** come, but he won't.
[그가 오는 것이 좋겠지만, 오지 않을 것이다. → ought to는 주어가 반드시 와야 한다는 상황을 나타내는 것이 아니기 때문에 but he won't가 첨가될 수 있음.]

그러나 다음 문장의 앞부분에서는 어떤 일이 있더라도 그가 반드시 와야 한다고 말하면

---

[45] There is a further distinction within the 'obligative' in English, which has to do with the acceptance or fulfillment of the obligation; and this is associated with the choice between *must* or *have to* (with certain differences between these two in the non-past) and ought. The distinction becomes clear if we compare the perfectly acceptable sentences *I ought to go to New York tomorrow but I'm not going to* or *He ought to have gone to New York yesterday but he didn't* with the unacceptable sentences **I must go to New York tomorrow but I'm not going to* or **He had to go to New York yesterday but he didn't*. — Lyons (1968: 309).

서 but 다음에 이어지는 말에서는 그가 오지 않을 것으로 내다보는 것은 문법적으로 옳지 않기 때문에 결국 비문법적인 문장이다.

    *He **must** come, but he **won't**.
        [→ must가 필연적으로 따라야 하는 의무를 나타내므로 but he won't를 첨가할 수 없음.]

    3) should와 ought to는 must나 have to보다 덜 확실한 잠정적인 추론(tentative inference)을 나타낸다. 다시 말하자면, 이것은 화자가 내리는 결론의 타당성이 다소 의심스럽다는 점을 암시한다. 즉, 화자는 자신의 진술 내용에 대하여 사실인지 아닌지 알지 못하면서도 자신이 알고 있는 상황을 토대로 진술 내용이 사실일 것이라고 잠정적으로 결론을 내리는 것이다. 이 두 가지가 must와 다른 주된 의미 특성은, 이들은 묵시적으로 진술된 상황이 이루어지지 않을 수도 있다는 점을 허용한다. 그러므로 This is where we $\left\{ \begin{array}{c} \text{should} \\ \text{ought to} \end{array} \right\}$ find her.(이곳이 우리가 그녀를 찾을 수 있는 장소가 아닐까 생각한다.)에서 should나 ought to가 must를 썼을 때보다 진술 내용의 사실성 여부에 대하여 더 신중한 태도로 말하는 것이 된다.

    True love **should** last for ever.
        [참된 사랑은 오래 갈 것이다.]
    These pills **should** ensure you a good night's sleep.
        [이 약을 먹으면 밤에 잠이 잘 올 것이다.]
    That **ought to** be enough food for all of us.
        [그 정도면 우리 모두 먹을 수 있는 음식이 될 것이다.]
    You **ought** not **to** have any difficulties finding a hotel.
        [호텔을 찾는데 아무런 어려움이 없을 것이다.]

    이러한 뜻으로 쓰인 should는 대충 'It is likely or probable that ...'(...일 것 같다) 또는 'It seems reasonable to conclude that ...'(...라고 결론을 내리는 것이 합당할 것 같다)이라고 풀어 쓸 수 있다.

5.4.11. $\begin{Bmatrix} \text{should} \\ \text{ought to} \end{Bmatrix}$ + 현재완료

1) $\begin{Bmatrix} \text{should} \\ \text{ought to} \end{Bmatrix}$ + 현재완료 형태는 과거에 이루지 못한 의무, 또는 분별 있는 행위를 태만했다는 뜻을 나타내며, 부정문에서는 과거에 이루어진 행위가 어리석었다거나 그릇된 행위였다는 점을 나타낸다.

> She **ought to have been** more careful.
> [그녀는 좀 더 신중했어야 했는데. → 행위가 신중하지 못했음을 암시함.]
>
> They **ought to have stopped** at the traffic lights.
> [그들은 교통 신호등이 있는 곳에서 정지했어야 했는데.]
>
> All my spare time, and such that I **should have devoted** to my medical studies, I spent reading and writing. I read enormously.
> — W. S. Maugham, *The Summing Up.*
> [나의 모든 여가 시간과 의학 공부에 바쳤어야 할 그런 시간을 나는 글을 읽고 쓰느라고 모두 써 버렸다. 나는 엄청나게 많이 읽었다.]
>
> The Emergency Exit doors **shouldn't have been blocked**.
> [비상구를 차단시키지 말았어야 했는데. → 예컨대 화재 사건이 발생했을 때 비상구가 폐쇄되었기 때문에 많은 인명 피해가 있었다는 뜻을 암시할 수 있음.]

이상과 같은 예의 문장들은 모두 주어가 틀림없이 문맥에 나타난 행위를 했다거나 하지 않았음을 화자가 분명히 알고 있다는 점을 전제로 삼는 경우이다. 그러나 다음과 같은 예는 두 가지 뜻을 포함하는 것으로 짐작된다. 즉, 언급된 상황이 아직 발생하지 않았다거나, 또는 언급된 상황이 이미 과거에 발생했을 것이라는 점을 배제하지 않는다.

> In order to understand his latest book you **should have read** his previous publications.
> [그가 최근에 쓴 책을 이해하려면 이전에 나온 출판물을 이미 읽었어야만 한다. → 이 말을 들은 청자는 이전에 출판한 그의 책을 이미 읽었거나, 또는 아직 읽지 않았을 수도 있음.]
>
> To be eligible for the post you **should have worked** for the firm for at least ten years.
> [그 자리에 적임자가 되려면 그 회사에서 최소한 10년간 근무했어야 한다. → 청자의 근무

경력이 10년이 넘었거나 그렇지 않을 수도 있음.]

2) 진술된 과거의 행위가 일어났을 것이라는 개연성을 암시해 주기는 하지만, 그 반대일 수도 있다. 따라서 예상된 행위가 일어나지 않았다고 해석할 수 있는 여지가 남아 있다.

He **should have reached** the office by now.
[그가 지금쯤 사무실에 도착했을 것이다. → and he probably has 또는 but it seems he hasn't와 같은 내용을 첨가할 수 있음.]
It's two o'clock. The train **should have crossed** the border by now.
[두 시니까 지금쯤 열차가 국경을 넘었을 것이다.]
We **should have finished** harvesting, but a storm intervened.
[우리는 수확을 끝냈을 것이다. 하지만 그 사이에 폭풍이 불어버렸다. → 폭풍이 불지 않았더라면 과거 특정한 시점에 수확을 모두 끝냈을 것이라는 뜻임.]

5.4.12. will

will은 다음과 같이 어느 정도 서로 관련된 뜻을 나타낼 수 있다.

1) 예측 (가능성)
will이 현재시에 있어서의 예측(prediction)이나 예측 가능성(predictability) 등을 나타낸다.

That **will** be the postman at the door now.
[지금 문간에 와 있는 사람은 우체부일 것이다.]
Eastern regions **will** have heavy rain today.
[오늘 동부 지역에는 비가 많이 올 것이다.]
This **will** be exactly what he had hoped for.
[이것이 바로 그가 희망했던 것이겠지.]
He **will** not live through the night.
[그 분은 오늘밤을 넘기지 못할 것이다.]

이러한 문장은 must를 사용했을 때만큼 확실한 주장을 나타내기는 하지만, 아주 명백한 추론에 근거를 둔 주장은 아니라는 점을 나타낸다. 따라서 must가 'I conclude confidently that ...'(that ... 이하가 사실이라고 명백한 결론을 내린다)이라는 뜻을 갖는 반면, will은 'I state confidently that ...'(that ...이하의 내용이 사실이라고 분명히 말하다)이라는 뜻을 갖는다.[46]

위와 같은 특정한 상황에서 이루어지는 예측의 의미가 더욱 확대되면 '일반적인 예측성'(general predictability)을 나타낸다. 여기서 일반적인 예측성이란 진술 내용이 언제든지 현실로 나타난다는 뜻으로서, 이러한 용법의 will은 과학적이거나 격언적인 진술을 하는 것이다.[47]

> Water **will** boil at 100°C.
> [물은 섭씨 100도에서 끓는다.]
> If litmus paper is dipped in acid, it **will** turn red.
> [리트머스 시험지를 산(酸)에 담그면 종이가 빨간색으로 변한다.]
> When the cat is away, the mice **will** play. — proverb
> [고양이가 없으면 쥐가 왕 노릇한다. — 격언]

이러한 문장들은 'Whenever X happens, it is predictable that Y happens.'(X가 발생하면 언제든지 Y가 발생하리라고 예측할 수 있다.)라는 뜻을 나타낸다. 예컨대 위의 첫 번째 문장은, 물을 섭씨 100도로 끓이면(X) 그 물은 반드시 끓는다(Y)는 뜻을 나타내는 것이다. 더욱이 이러한 뜻을 나타내는 경우에는 will을 사용하지 않고, 단순 현재시제형을 쓸 수 있다. 그러므로 Oil **will** float on water.(기름은 물위에 뜬다.)라고 하거나, Oil **floats** on water.라고 하더라도 의미상의 차이가 별로 없다.[48] 그러나 다음 문장에서처럼 진술 내용이 사실이냐 아니냐 하는 점을 증명하기 위한 실험 등이 굳이 필요하지 않을 정도로 아주 확실한 진술에

---

46 Declerck (1991: 412-413).
47 General predictability refers to what holds for all time, hence *will* in this use is found in general statements, including those of a scientific or proverbial nature. — Ek & Robat (1984: 280).
48 As far as I can see, what determines whether *will* can be used in clauses of this type is whether the process is a conditional one or not. Thus we can say *if you pour oil onto water it floats/will float, if you heat water to 100° it boils/will boil* (cf. Palmer's *water boils/will boil at 100°*); *the Severn flows into the Atlantic, the sun rises in the east*, on the other hand, do not describe the activity of the Severn and the sun under certain conditions. Relating the inductive *will* to the notion of condition helps to explain its use in this type of clause and also the equivalence of *will* and the non-modal form. — Huddleston (1971: 306).

will을 사용하면 결국 '의심'이라는 불필요한 요소를 첨가하는 결과가 됨으로 말미암아 결국 비문법적인 문장이 된다.[49]

Deciduous trees $\left\{\begin{array}{l}\textbf{lose}\\ \textbf{*will lose}\end{array}\right\}$ their leaves in autumn.

[낙엽수는 가을이 되면 잎이 떨어진다. → 낙엽수에서 가을에 잎사귀가 떨어지는 것은 너무도 당연한 사실이기 때문에 현재시제형이 쓰인 것임.]

'일반적인 예측성'이라는 의미는 사람이나 사물의 일반적인 특성을 나타내는 경우에도 적용된다.

A good friend **will** not desert you in time of adversity.
  [참된 친구는 역경에 처했을 때 버리지 않는다.]
Some animals **will** not breed if they are kept in cages.
  [우리에 가두어 두면 새끼를 낳지 않는 동물들도 있다.]
The honeybee **will** do a very complex dance in order to indicate where food is.
  [꿀벌은 먹이가 어디 있는지 알리기 위해 아주 복잡한 춤을 춘다.]
Wonders **will** never cease.
  [놀라운 일이 결코 그칠 날이 없다.]
Truth **will** out.
  [진실은 드러나기 마련이다. → = 'Truth cannot be kept secret.' out은 동사로서 'to become known'(알려지다)이라는 뜻임.]

또는 다음 예에서처럼 주어의 특징적인 행동 또는 습관을 나타내기도 한다.[50] 즉, 지금까지 주어가 반복적으로 해왔던 행위가 앞으로도 계속해서 반복적으로 이루어질 것이라고 자연스럽게 예측할 수 있다.

That old man **will** sit there for hours looking out to sea.

---

49 Leech (1989: 85, 2004: 87).
50 In addition, it(= *will*) occurs in descriptions of personal habits or characteristic behaviour.
   — Quirk et al. (1985: 228). See also Leech (2004: 86) and Close (1975: 264).

[그 노인은 그곳에 앉아 바다를 바라보곤 한다. → 언급된 노인이 지금까지도 자주 앉아서 바다를 바라보는 습관이 있었고, 앞으로도 이러한 습관적인 행동은 지속될 것이라는 점을 암시하고 있음.]

Every day Dan **will** come home from work and turn on the TV.
[날마다 단은 직장에서 집에 돌아와서 TV를 켠다.]

2) 의지(volition)

will이 주어 자신의 의지를 나타낸다. 주어가 나타내는 의지는 다시 다음과 같이 세 가지 세부적인 뜻으로 구분된다. 즉, will이 나타내는 의지의 범위는 '자발적인 마음'이라는 약한 의지에서 '고집'이라는 강한 의지까지 포함된다. 이 양자 사이에 '의도'라고 하는 보다 보편적인 의지의 뜻이 있는데, 여기에는 종종 예측이라는 뜻이 결합된다.

의지: (1) 자발적인 마음
     (2) 의도
     (3) 고집

(1) 자발적인 마음(willingness)을 나타내며, be willing to로 풀어 쓸 수 있다. 이 경우에 will이 나타내는 자발적인 마음에는 언급된 내용이 앞으로 이루어지게 된다는 뜻까지도 포함된다. 그러므로 He **will** help me.는 그가 실제로 기꺼이 나를 도와줄 것이라는 뜻을 암시한다.[51]

The porter **will** help if you ask him.
(= The porter is willing to help ....)
  [요청하면 사환이 기꺼이 도와 줄 것입니다.]
If you like, my daughter **will** accompany you.
  [괜찮다면 내 딸이 너와 동행할 것이다.]

---

51 It should be noted that what *will* expresses here is in fact not just willingness but a combination of willingness and future actualization. The sentence *I will help you* not only implies 'I am willing to help you' but also expresses the speaker's promise that he will do it. For this reason the idea 'He is willing to help me but he can't' cannot be expressed as **He will help me but he can't.* — Declerck (1991: 362). See also Palmer (1987: 138).

He will help you.를 He is willing to help you.로 바꿔 사용할 수 있다. 그러나 (4a)는 앞으로 실제로 그가 너를 돕는 상황이 발생할 것이라는 뜻을 포함하지만, (4b)에는 이러한 뜻이 포함되지 않는다. 바로 이와 같은 뜻의 차이 때문에 다음 중 두 번째 것은 틀린 문장이다.[52]

(4) a. John**'s willing to** do it, but he's not going to.
　　　[존이 기꺼이 그 일을 하겠지만, 하지 않으려고 한다.]
　b. *John**'ll** do it, but he's not going to.
　　　[→ will이 be willing to의 뜻을 가지고 실제로 그 일이 이루어질 것이라고 하면서, 뒤에서는 하지 않으려고 한다고 하는 말이 서로 어울리지 않기 때문에 틀린 문장이 되고 있음.]

의문문에서는 요구·제의·권유를 나타낸다.

'**Will** you lend me those scissors for a moment?'
— 'OK, **I will** if you promise to return them.'
　[그 가위를 잠시 빌려 주겠니?'—'그래. 돌려주겠다고 약속만 하면 빌려 주지.']
Will you have another slice of melon?
　[참외를 한 조각 더 드시겠어요?]
{ **Will** / **Won't** } you come inside?
　[안으로 들어오시지요.]

마지막 예에서처럼 의문문으로 Will you ...?보다 부정형 Won't you ...?가 '초대'의 기분을 보다 강하게 드러내는 것이다.

무생물(non-animate agents)이 주어일 경우에도 그 주어가 정신을 가지고 있는 것처럼 비유적으로 자발적인 마음을 나타낸다.[53] 부정형 will not에서 not에 강세를 두며, won't로

52　Palmer (1987: 138).
53　There are some cases where non-animate agents are treated metaphorically as exhibiting 'willingness' (or unwillingness), as if they had minds of their own.
　　Speakers can complain, usually in the negative, about the 'willingness' of things such as doors and cars, as in [43].
　　[43] a. The closet door won't open. Will you try it?

단축되기도 한다.

> The government says it **will not** negotiate with the terrorists.
> [정부는 결코 테러분자들과 협상을 하지 않겠다고 한다.]
> The closet door **won't** open. Will you try it?
> [옷장 문이 열리지 않는다. 네가 한 번 열어볼래?]
> The mark on your jacket **won't** come off.
> [너의 재킷에 묻은 얼룩이 빠지지 않는다.]
> The dye **won't** take in cold water.
> [찬물에는 착색이 되지 않는다.]

(2) 주어의 의도(intention)를 나타내며, 이 경우에 will은 intend to라는 뜻을 갖는다. 화자가 will을 사용하여 어떤 특정한 의도를 나타내고자 할 때 그 의도는 말하고 있는 바로 그 시점에 갖고 있는 의도이지만, 이에 따른 의도된 행위는 미래시에 일어나게 된다. 예컨대 I'll definitely pay you back next week.은 틀림없이 다음 주에 갚는다고 하는 의도된 행위에 대한 현재 순간의 의도를 나타내는 것이다. 이러한 예가 보여주는 바와 같이, will이 포함하고 있는 의도에는 청자 자신에게 이익이 돌아가느냐 하는 등 나타내고자 하는 문맥 내용에 따라 '의도'라는 뜻에 약속·보증·제안·위협·방금 내린 결정 따위와 같은 뜻이 포함된다.[54]

> I **will** see what I can do for you.
> [너를 위해 할 수 있는 일이 무엇인지 알아보지. — 약속]
> **I'll** hit you if you do that again!
> [다시 그런 짓을 하면 때리겠어! — 위협]
> We **will** stay the night here if you like. We won't go back to the hotel.
> [괜찮다면 하룻밤을 여기에 있겠어. 호텔로 돌아가지 않겠어. — 제안]
> You lay the table and I **will** make the tea.
> [너는 상을 차려라. 난 차를 만들지. — 제안, 약속]
> 'Come to a party.' — 'OK. **I'll** bring my boyfriend.'
> ['파티에 오너라.' — '좋아. 남자 친구를 데리고 갈게.' — 순간적인 결정]

---

   b. My car won't start. Will you give me a ride?
  — Yule (2011:101).
54 Declerck (1991: 362-363), Downing & Locke (2006: 386-387), and Leech (1989: 87).

주어를 1인칭으로 한 이들 예에는 의도된 내용이 이루어지리라는 점을 보증한다는 느낌이 깃들어 있다. 즉, will은 단순히 주어가 갖는 의도를 나타내지 않고, 장차 그 의도가 실현된다는 점을 암시한다.

(3) 강한 고집(insistence)을 나타낸다. 긍정문일 경우에는 완강한 주장이나 끈질긴 습관 등을 함축하며, 특히 이런 뜻으로 쓰인 will은 축약형('ll)을 허용하지 않으며, 강세를 받는다

He **will** do everything himself, although he has a secretary.
(= 'He insists on doing ....')
　　[그는 비서가 있음에도 불구하고 모든 일을 스스로 하려고 한다.]
He **will** ask silly questions.
　　[그 사람은 어리석은 질문만 하려고 한다.]

주어가 1인칭이면 그 어떤 경우에도 타협하지 않고 행동하려고 하는 화자 자신의 완강한 결의(determination)를 느끼게 한다.

I **will** go to the dance! You can't stop me!
　　[무도회에 반드시 갈 거야! 나를 못 가게 막지 못할 걸!]

특히 2·3인칭 주어에 수반되면 will은 주어가 행하는 행위에 대하여 화자가 짜증나거나 노여워한다는 뜻을 암시하기도 한다.

If you **will** get drunk every night, no wonder you are not feeling well.
　　[네가 밤마다 술에 취하면 건강이 안 좋은 것도 당연하지.]
Why **will** you keep teasing other children?
　　[어째서 다른 애들을 계속 못살게 구는 것이냐?]
He **will** throw his empty bottles into my garden.
　　[그 사람이 자꾸 우리 정원에 빈 병을 던져 넣고 있어.]
He **will** do it, no matter what I say.
　　[내가 뭐라고 하든 그는 그 일을 하겠다고 한다.]

이에 대한 부정형은 주어의 거절을 나타낸다.

The government says it **will not** negotiate with the terrorists.
[정부는 결코 테러분자들과 협상을 하지 않겠다고 한다.]

Churchill **will not** enter the tub until it is two-thirds full and the temperature 98 degrees.
[처칠은 물이 2/3 정도 차고 온도가 98도가 되어야 욕탕에 들어간다.]

3) 명령

will이 명령의 뜻을 나타낼 때, 그것은 언급된 행위를 하리라고 하는 예측을 명령의 한 방법으로 사용하는 것이다. 즉, 명령문을 사용하는 대신 화자는 단지 그 행위가 이루어지리라고 진술하고 있는 것에 불과하다. 그렇지만 이러한 명령은 청자가 항의하거나 불복종하리라고 생각할 수 없는 아주 확실하고 다소 고압적인 군대식 명령에 준하는 것이다.[55]

You **will** go and say good-bye because courtesy and decency demand this.
[예의와 품위상 필요하니 가서 작별 인사를 해라.]

You **will** carry out these instructions.
[이런 지시 사항들을 이행해야 한다.]

No one **will** leave the room before 3 o'clock.
[세시 전에는 아무도 이 방에서 나가지 마라.]

4) will + 현재완료

will + 현재완료 형태는 과거의 일에 대한 현재의 가능성을 나타낸다. 즉, 화자는 과거에 어떤 일이 있었다고 확신하면서 확인해 보더라도 그것이 사실일 것이라고 믿는다는 점을 나타낸다.

He**'ll have finished** his supper. (= 'I'm sure he has finished his supper.')

---

[55] This use of *will* have developed from its use as a future tense auxiliary: a prediction is used as a way of giving an order. Instead of using an imperative, the speaker just states that the action will be performed. This is a very confident and rather high-handed way of giving an order: it seems unthinkable to the speaker that the hearer should protest or disobey. — Declerck (1991: 365).

[그가 저녁 식사를 마쳤을 거야.]

The poor child **will have been** about a month old when he died.

[그 불쌍한 아이는 생후 한 달쯤 되어 죽었을 거야.]

We can't go and see them now — they**'ll have gone** to bed.

[지금 그들을 가서 만나볼 수 없어. 잠자고 있을 거야.]

5.4.13. would

1) 가능성

현재시를 나타내는 문맥에서 would는 will을 사용했을 때보다 문장에 나타난 상황이 발생할 가능성이나 개연성(probability)이 더 희박하다는 점을 암시한다. 부정형 would not을 썼을 때도 마찬가지이다.[56] 그러므로 예컨대 다음의 첫 문장에서 That would be John's car.는 That will be John's car.라고 하여 will을 썼을 때보다 존의 자동차일 가능성이 좀 더 희박하다는 점을 암시한다.

That **would** be John's car. He's the only one I know who can afford a BMW.

[저 자동차는 존의 것이겠지. 그는 내가 아는 사람으로 BMW 자동차를 가질 수 있는 유일한 사람이지.]

She **would** be about fifty now, I suppose.

[지금 그녀의 나이가 50쯤은 되겠지.]

The best medicine for you right now **would** be a good holiday.

[지금 너에게 가장 좋은 약은 하루를 푹 쉬는 것일 것이다.]

Friday evening **wouldn't** be very convenient.

[금요일 저녁 시간이 그토록 편리하지는 않을 거야.]

would(n't)가 이렇게 쓰였을 때 언급된 상황이 발생할 가능성이 좀 더 희박하다는 점을 뒷받침해 주는 어구로서 문두, 또는 문미에 I suppose가 쓰이거나, 또는 probably와 같은 법부사(modal adverb)가 삽입되기도 한다.

---

56 Alexander (1996: 238-239).

I suppose this **would** be your manuscript, sir. Would that be right?
[이 원고가 선생님의 것이지요. 맞아요?]

That **would** be a milkman, *probably*.
[저 사람이 우유 배달원이겠지요.]

(2) will보다 더 정중한 요구를 표출한다. 즉, 청자가 요구에 응하리라고 별로 기대하지 않는다는 인상을 줌으로써 그만큼 부담을 덜 느끼게 한다.[57]

Would you call back in an hour's time?
[한 시간 뒤에 다시 전화를 해주시겠습니까?]

Would you tell her that Adrian phoned?
[아드리안에게서 전화 왔었다고 그녀에게 말해 주겠습니까?]

Would you give me a hand, please?
[좀 도와주시겠습니까?]

보다 정중한 제의나 권유에는 would + 'to like'의 뜻을 가진 동사가 쓰인다.

Would you **like** a drink?
[한 잔 하시겠어요?]

Would you **like** some tea, or **would** you **prefer** coffee?
[차를 드시겠습니까, 커피를 드시겠습니까?]

Would you **care** to stay with us?
[저희들과 같이 있으시겠어요?]

wouldn't ...?로 시작되는 부정 의문문을 사용하게 되면 예의에 벗어나거나 강요하는 듯한 인상을 주지 않으면서 보다 설득력이 있는 제안인 것처럼 들리게 된다.

Wouldn't you **like** to come with me?
[저와 같이 가시지 않겠어요?]

---

57 Substituting tentative would for *will* renders such a request, offer or invitation more tentative, i.e. more diffident, tactful, polite. — Declerck (1991: 364).

Wouldn't you **care** for some more coffee?
[커피를 조금 더 마시지 않겠어요?]

(3) 소망을 나타낸다. 즉, 주어가 바라는 바를 would + 'to like'의 뜻을 가진 동사로 나타내며, 이다음에는 to-부정사절이나 명사가 온다.

I **would prefer** to say nothing about this problem.
[이 문제에 대해서 아무 말도 하고 싶지 않아.]
I **would like** to know the date.
[날짜를 알고 싶습니다.]
I'd love some ice cream.
[나는 아이스크림을 좀 먹고 싶어.]

서로 대립적인 두 가지 상황 중에서 어떤 상황을 다른 상황보다 더 선호한다고 할 경우에는 would rather/sooner[58]를 사용한다. 이러한 표현 다음에는 원형 부정사절이 놓이게 되거나, 또는 (that-)절이 놓이게 되면 이 절 안에는 과거시제형 동사가 놓인다. 이에 대한 과거형은 would rather + 현재완료 구조로 나타난다.

She'd rather be left alone.
[그녀를 차라리 혼자 있게 하는 게 좋을 듯하다.]
I'd sooner walk than do any of these things.
[이 일들 중에 어떤 일을 하는 것보다 오히려 산책하고 싶어요.]
I **would rather** you **listened** to me.
[네가 내 말에 귀를 기울였으면 좋을 텐데.]
I **would rather have stayed** there. (than have started at once)
[(즉시 떠나지 말고) 그곳에 머물러 있었더라면 좋았을 걸.]

(4) 가정법 과거를 나타내는 문장에서 주절의 동사로 쓰인다.

58　원래 rather는 sooner라는 뜻이었다. would rather가 would sooner보다 더 격식적이기는 하지만, 어느 것을 선택하느냐 하는 것은 화자 자신의 선택의 문제이다 (Firsten & Killian 2002: 155).

He **would** smoke too much if I didn't stop him.
[내가 제지하지 않는다면 그는 담배를 너무 많이 피울 것이다.]
If you heated this liquid, it **would** explode.
[이 액체에 열을 가하면 폭발할 것이다.]

2) 과거시를 나타내는 문맥에서 다음과 같은 경우에 쓰인다.
(1) 주어의 과거의 고집을 나타내며, would가 강세를 받는다.

He **would** not bow down to Gessler himself.
[그는 게슬러 (총독) 자신에게 머리를 결코 숙이려고 하지 않았다.]
Despite all my efforts to persuade him, he **would**n't agree.
[그를 설득시키려고 온갖 노력을 다 기울여 보았지만, 그는 동의하려 하지 않았다.]

(2) 긍정문에서 전형적으로 발생했던 과거의 습관적인 행동을 나타낸다.[59]

When I was a child, my father **would** read me a story at night before bedtime.
[내가 어렸을 때 아버지께서는 밤에 잠자리에서 이야기책을 읽어 주곤 했다.]

(3) 과거의 자발적인 마음을 나타낸다. 즉, would는 과거 어느 특정한 시점에 어떤 일을 자발적으로 하고자 하는 마음이 아니라, 일반적인 유형의 과거의 자발적인 마음을 나타낸다. 부정문은 과거 특정시에 있었던 거절(refusal)을 뜻하는 경우에 쓰일 수 있다.

Bruce **would** lend you the money, I'm sure.
[브르스가 너에게 기꺼이 돈을 빌려준 것이 틀림없어.]
I **would**n't put him among the greatest composers.
[그가 가장 위대한 작곡가에 속한다고 볼 수 없었어.]
We tried to borrow a boat, but no one **would** lend us one.
[우리는 배를 빌리려고 했으나 아무도 빌려주려 하지 않았어.]

---

59 과거의 습관에 대해서는 "5.4.15.3 used to와 would의 차이" 참조.

(4) 과거속의 미래(future in the past), 즉 과거 어느 한 시점 이후에 일어나게 될 미래의 상황을 나타낸다. 이러한 용법의 would는 주로 격식적인 문어체 영어에서 볼 수 있는 것으로서, 단독으로 쓰인 문장에서는 잘 쓰이지 않고 주로 대화 가운데서 쓰인다.

> The climbers had reached 5,000 meters. Soon they **would** see the summit.
> [그 등산가들은 5,000m 지점에 다다랐다. 곧 그들은 정상을 보게 될 것이었다. → 과거 어느 시점에서 보아 곧 정상에 도달하게 될 것이라는 뜻임.]
>
> In 6½ hours, NASA **would** launch three astronauts in mankind's first attempt to land on the moon.
> — Buzz Aldrin & Malcolm McConnell, "Men from Earth"
> [여섯 시간 반이 지나면 NASA에서는 인류 최초로 세 명의 우주 비행사를 달에 착륙시키려고 시도할 것이었다. → 과거 어느 시점에서 보아 그로부터 6시간 반 이후인 미래 시점에 착륙하게 될 것이라는 뜻임.]

5.4.14. shall

오늘날의 영어, 특히 미국영어에서 shall은 서술문의 1인칭 주어하고 같이 쓰이는 경우를 제외하면 비교적 잘 쓰이지 않는 편이다.

1) 격식적인 경우에는 shall이 쓰이지만, 보통 will이 미래시를 나타낸다.

> According to the opinion polls, I { shall / will } win quite easily.
> [여론 조사에 의하면 내가 아주 가볍게 승리할 것이다.]
>
> When { shall / will } we know the result of the election?
> [선거 결과는 언제쯤 알 수 있게 될까요?]

2) 1인칭과 같이 쓰여 의지를 나타낸다. 의지를 뜻할 경우에도 격식체에서 shall이 will 대신에 쓰인다.

> We { shall / will } uphold the wishes of the people.
> [우리는 국민들의 소망을 지지할 것입니다.]

2·3인칭 주어를 수반한 서술문 you shall ..., he shall ... 등은 잘 쓰이지 않고, 대신 'I promise (that) you/he will ...'이 즐겨 사용된다.

Shall I/we ...?에서 shall은 청자의 의견을 묻는 것이므로, 의지에서 의무라는 의미 쪽으로 이동한다. 따라서 이것은 제의를 나타내기에 적합한 표현으로서, 'Would you like me/us to ...?'로 바꿔 표현 할 수 있다.

Shall I do the washing--up?
[내가 설거지할까?]
Shall I sweeten your coffee?
[커피를 달게 해줄까?]
Shall {I / we} deliver the goods to your home address?
[이 물건을 댁의 집 주소로 배달해 드릴까요?]
'**Shall** we stop here?' - 'If you like.'
['여기서 그만 둘까?' - '맘대로.']

5.4.15. used to

5.4.15.1. used to가 나타내는 뜻

used to는 습관적 과거를 나타내는 법조동사구로서, [jú:stə]처럼 발음된다. 그러므로 I used to ....는 'It was my habit to ....'라는 뜻을 나타낸다. 예컨대 When I was a student, I **used to** study late at night.(학생 시절에 나는 밤늦게까지 공부했었다.)은 밤늦게까지 공부하는 것이 과거 화자의 습관적인 활동을 뜻한다.[60]

더욱이 used to는 과거의 습관이나 상태가 지금은 더 이상 계속되지 않는다는 점을 강조하는 경우에 쓰인다. 그러므로 이것은 습관이나 상태와 관련해서 과거와 현재의 대립적인

---

60 A1 ok — When I was a student, I *used to study* late at night.
　As an auxiliary verb, 'used to', **indicates an action performed habitually.** Thus, when someone says, 'I used to [verb]', he is indicating that 'in the past, it was my habit to [verb].' So, from the example above, we can understand that when the speaker was a student, *it was his habit to study late at night;* studying late at night was his customary activity. — Kosofsky (1991: 317).

관계를 나타내는데, 특히 이다음에 but not now 또는 but not (...) any more/any longer 와 같은 표현이 첨가되면 이러한 관계가 좀더 명백해질 수 있다.[61]

> Korea **used to** be a poor, agricultural country.
> [한국은 가난한 농업국이었다.]
> The Egyptians **used to** embalm the bodies of their dead kings and queens.
> [이집트인들은 돌아가신 왕과 왕비의 시체를 미라로 만들었었다.]
> I **used to** smoke, *but I don't any more/any longer*.
> [나는 과거에는 담배를 피웠지만, 이제는 피우지 않는다.]
> I never **used to** eat a large breakfast, *but I do now*.
> [과거에는 아침 식사를 많이 하지 않았지만, 지금은 많이 먹는다.]

이것은 과거에 어떤 일이 발생한 일정한 빈도나 기간을 나타내는 경우에는 쓸 수 없고,[62] 막연한 빈도나 기간을 나타내는 부사와 같이 쓸 수 있다.

> I **went** to France seven times. (***used to**)
> [나는 일곱 번 프랑스에 갔었다.]
> I **lived** in Chester for three years. (***used to**)
> [나는 3년 동안 체스터에 살았다.]
> For many years Billy **used to** believe in Santa Claus.
> [오랫동안 빌리는 산타클로즈가 존재한다고 믿었다.]
> My wife always **used to** be afraid of frogs.
> [내 아내는 늘 개구리를 무서워했었지.]

과거의 습관을 나타낼 때에는 used to 이외에 would와 단순 과거시제형이 포함된 다음

---

61 We rely on *used to* to refer to habits that we no longer have, so there is a contrast between past and present. This contrast is often emphasized with expressions like *but now .... but not ... any more/any longer* which combine with the simple present. — Alexander (1996: 234).

62 *Used to* refers to things that happened at an earlier stage of one's life and are now finished: there is an idea that circumstances have changed. It is not used simply to say what happened at a past time, or how long it took, or how many times it happened. — Swan (2005: 595). See also Hewings (2005: 32).

과 같은 표현을 사용할 수 있다.

When I worked on a farm, I $\begin{Bmatrix} \textbf{always used to get up} \\ \textbf{would always get up} \\ \textbf{always got up} \end{Bmatrix}$ at 5 a.m.

[농장에서 일할 때 나는 항상 다섯 시에 일어났었다.]

used to 대신에 would를 사용할 수 있지만, 단순 과거시제와 마찬가지로 would를 사용할 때에는 항상 시간을 나타내는 부사구가 수반되어야 한다.

In the spring the birds **would** return to their old haunts, and the wood **would** be filled with their music.
[봄이 되면 새들은 옛집으로 돌아오고, 숲은 온통 그들이 지저귀는 소리로 가득 차곤 했다.]
Sometimes he **would** spend all night at the bedside of a seriously wounded patient.
[이따금 그는 중상자 침대 곁에서 밤을 새우곤 했다.]

반면에 used to는 once(= 'at one time')를 수반한 과거시제의 문장으로 풀어쓸 수 있다는 점에서 once를 그 자체에 포함하기 때문에 대개 부사류를 수반하지 않는다.

Slaves **used to** be traded between Africa and the New World.
= Slaves **were once traded** between Africa and the New World.
[옛날 아프리카와 신대륙 사이에서 노예 거래가 있었다.]

5.4.15.2 used to의 변이형

used의 형태가 항상 일정하지 않다. 부정문과 의문문에서는 대개 did (not) use to, used not to를 사용한다. 부정문에서는 never used to를 대신 사용할 수 있다.

Did he **use to** like jazz?
[재즈를 좋아했었니?]
Didn't he **use to** stay at the Metropolitan?

[그는 메트로폴리탄 호텔에 투숙했었지 않습니까?]

He **didn't use to** be an obedient child.

[그는 순종하는 아이가 아니었다.]

Maggie **never used to** like swimming.

[매기는 결코 수영을 좋아하지 않았었다.]

아주 격식적이고 고어풍의(obsolete) 영어에서는 Used he to ...? He usedn't to..., There used to be ..., use(d)n't there? 따위처럼 do 없는 형태가 쓰이기도 한다. 아주 비격식적인(그래서 실제로 표준어가 아닌) 경우에는 Did he used to ...? I didn't used to ...에서처럼 did와 used to가 같이 쓰이기도 한다.

5.4.15.3. used to와 would의 차이

과거의 습관의 뜻을 나타낼 때 used to와 would는 다음과 같은 용법상의 차이를 보여 준다.[63]

1) would는 필연적으로 반복을 암시하므로 상태동사와 같이 쓸 수 없고, attend, get up early, discuss, nod, pay a visit, shake hands, sing, swim 등 주어의 의지에 따라 중단 가능한 뜻을 가진 동적동사와 같이 쓰인다. 그러나 used to에는 이러한 제약이 없기 때문에 행위와 사건을 나타낼 수 있을 뿐만 아니라, 상태도 나타낼 수 있다. 더욱이 would가 상태동사와 결합하게 되면 원하는 해석과 완전히 동떨어진 다른 해석을 하게 된다.

On his way to work he { **used to** / **would** } pass Walter Disney's studio in LA.

[출근길에 그는 LA에 있는 월터 디즈니의 제작실을 지나곤 했다.]

He **used to be** a notorious womanizer before he got married. (*would)

[결혼하기 전에 그는 악명높은 색마였다. → 이 문장에 would를 쓰면 '...일 것이다' 라는 뜻으로만 해석될 수 있음. womanizer = woman chaser: 색마, 즉 여자 꽁무니를 쫓아다니는 남자.]

He **used to like** the girl long before he proposed to her. (*would)

[그녀에게 결혼을 제의하기 오래 전부터 그는 그 아가씨를 좋아했다.]

He **used to** wear a beard and moustache. (*would)

---

[63] 흔히 국내 문법책에서는 would와 used to를 비교하면서 would는 과거의 불규칙적인 습관을 나타내고, used to는 규칙적인 습관을 나타낸다고 말하고 있다. 그러나 이것은 아무런 근거도 없는 설명이다.

[그는 늘 턱수염과 콧수염을 길렀었다. → would가 쓰이면 콧수염을 기르는 행위가 반복적으로 일어났다는 뜻이 될 수 있기 때문에 현실적으로 맞지 않음.]

2) would의 주어는 유생명사(有生名詞: animate noun)만 가능한 반면, used to는 어떤 주어일지라도 허용된다. 그러므로 예컨대 *The tall building **would** be here long ago. 에서처럼 무생물 the tall building이 would와 같이 쓰이지 못한다.

There **used** not **to** be so much violence. (***would**)
[과거에 폭력 사태가 그렇게 많지 않았다.]
It **used to** be thought that the Earth was flat. (***would**)
[과거에는 지구가 판판하다고 생각되었다.]
Life here is much easier than it **used to** be. (***would**)
[이곳에서의 삶은 전에 비하면 훨씬 더 쉬워졌다.]

3) used to와 would가 같은 문장에 쓰이는 경우에 used to는 빈도가 더 높은 쪽에 쓰인다.

We **used to** work in the same office and we **would** often have coffee together.
[우리는 같은 사무실에 근무하면서 종종 같이 커피를 마시곤 했다. → used to는 같은 사무실에 계속 근무한다는 뜻인 반면, would는 계속 커피를 같이 마신다는 뜻이 아님.]
They **used to** nod one another when they met, and now and then they **would** exchange a word or two.
[그들은 만나면 으레 목례를 나눴으며, 가끔 한 두 마디 말을 주고받곤 했다.]

would는 이야기에서 규칙적으로 일어난 활동이라든가, 과거를 회상하는 경우에 쓰인다. 따라서 이야기가 처음 시작되는 위치에는 놓이지 않고, 단순 과거시제형이나 used to를 사용하여 먼저 배경을 설정한다.

We **used to** swim every day when we were children — we **would** run down to the lake and jump in.
[어렸을 적에 우리는 매일 수영을 했었지. 우리는 호수로 달려가 뛰어들곤 했어.]
When I was a boy we always **spent/used to spend** our holidays on a farm.

We'd get up at 5 and we'd help milk the cows. Then we'd return to the farm kitchen, where we **would** eat a huge breakfast.

[어렸을 적에 우리는 항상 농장에서 휴가를 보냈다. 우리는 다섯 시에 일어나 우유 짜는 일을 도왔다. 그리고 나서 농장 부엌으로 돌아와 그곳에서 아침밥을 푸짐하게 먹었다.]

4) would와 달리, used to는 술부가 생략된 짧은 대답에는 쓸 수 있다.

She doesn't work here now, but she **used to**. (*would)
[그녀는 이제는 여기 근무하지 않지만, 과거에는 죽 근무했지요.]
'Do you play tennis every day?' - 'No, but I **used to**.' (*would)
['매일 테니스를 치니?' — '아니. 전에는 늘 쳤었지.']

5.4.15.4. be used to

used to와 be used to를 혼동하지 말아야 한다. used to는 법조동사구인 반면, be used to에서 used to는 형용사적인 기능을 담당하는 것으로서, 'to be familiar with and accustomed to something because of habitual contact or practice'(습관적인 접촉/실행으로 …에 익숙하거나 정통하다)라는 뜻이며, to는 전치사이기 때문에 이다음에 (대)명사나 동명사절이 온다.[64]

He's from Malaysia, so he**'s used to** hot weather.
[그는 말레이시아 출신이라서 무더운 날씨에 익숙하다.]
French children **are used to drinking** wine with dinner, but to Koreans, it is an unfamiliar habit.
[프랑스 어린이들은 저녁 식사에 곁들여 포도주 마시는데 익숙해 있지만, 한국인들에게는 익숙지 못한 습관이다.]

상태의 변화를 나타낼 때에는 get used to가 쓰인다.

It is difficult for Koreans to **get used to** certain Western customs.

---

64 Kosofsky (1991: 318-319).

[한국인들은 어떤 서구식 풍습에 익숙해지는 것이 힘들다.]

When you're in the army, you have to **get used to** obeying orders.
[군대에 있을 때는 명령에 복종하는 일에 익숙해져야 한다.]

한편 be used가 수동 동사형으로서, 이러한 경우에는 to-부정사절과 결합된다.

The first vaccine ever developed **was used to combat** smallpox, a disease resulting from infection by a virus.
[전에 개발된 최초의 백신은 바이러스에 의해 전염되는 질병인 천연두를 퇴치하기 위해 사용되었다.]

5.4.16. had better

1) had better(축약형 'd better)는 제시된 행위를 행하는 것이 가장 바람직하다고 하는 화자 자신의 주관적인 판단을 제시하는 것이다. 다시 말하자면, 이것은 화자가 제시하는 특정한 행위가 다른 것보다 더 낫다고 하는 비교의 뜻을 나타내는 것이 아니라,[65] 진술된 그 행위를 하지 않게 되면 그로 말미암아 어떤 문제가 발생한다거나, 불쾌감을 초래한다거나, 또는 위험한 상황이 발생하게 되리라는 점을 나타낸다.[66]

The gas tank is almost empty. We **had better** stop at the next service station.
[연료 탱크가 거의 비었어. 다음 주요소에 들러야 해. → 다음 주요소에 들르지 않으면 좋지 못한 결과, 즉 휘발유가 바닥이 나게 된다는 점을 암시하고 있음.]

There are a lot of pick-pockets in Myung-dong, so you**'d better** put your wallet in your inside pocket. (Kosofsky 1991: 424)
[명동에는 소매치기들이 많으니 지갑을 안쪽 호주머니에 두어야 돼. → 명동에 가면 소매치기가 많아서 지갑을 잘 간수하지 않게 되면 그로 말미암아 소매치기 당할 수도 있다는 점을

---

[65] Note that *had better* does not usually suggest that the action recommended would be better than another one that is being considered — there is no idea of comparison. The structure means 'It would be good to ...', not 'It would be better to ...'. — Swan (2005: 203).

[66] In meaning, **had better** is close to **should/ought to**, but **had better** is usually stronger. Often **had better** implies a warning or a threat of possible bad conse- quences. — Azar (1999: 160).

암시하고 있음.]

Your engine sounds a bit rough. — you'd better have it checked.
[엔진에서 좀 거친 소리가 난다. 엔진 점검해 받아봐야 되겠어. → 엔진 점검을 받지 않게됨으로써 문제가 발생할 수도 있다고 경고하는 것임.]

청자에게 강한 조언을 한다는 점에서 보면 had better가 should나 ought to와 비슷한 뜻으로 쓰인다. 그렇지만 had better는 진술된 행위를 하지 않게 되면 문제가 발생할 수 있다는 뜻을 포함하는 반면, should와 ought to는 'It's a good thing to do ...'라는 뜻을 나타낼 뿐이다. 다음 두 문장에서 의미상의 차이를 비교하여 보자.

It's a great film. You **should** go and see it.
[그 영화 참 좋으니 가서 보는 것이 좋을 거야. → 그 영화를 보지 않더라도 문제가 발생하지는 않음.]

The film starts at 8: 30. You'**d better** go now or you'll be late.
[그 영화가 8시 30분에 시작되니, 지금 가지 않으면 늦을 거야. → 지금 가지 않으면 처음부터 볼 수 없게 된다는 점을 암시함.]

또한 had better는 특정한 상황과 관련된 경우에만 쓰이고, should는 일반적인 상황이든 특정한 상황이든 관계없이 모든 상황에 쓰여 의견이나 조언을 제공한다.[67]

It's cold today. You'**d better** wear a coat when you go out.
[오늘은 춥다. 외출할 때는 외투를 입어야 해. → 오늘이라는 특정한 상황과 관련됨.]
I think all drivers **should** wear seat belts.
[모든 운전자들은 안전띠를 착용해야 한다고 생각해 → 언제든지 운전할 때에는 안전띠를 착용해야 한다는 뜻이며, should 대신에 had better를 쓸 수 없음.]

2) had better가 때로는 경고나 강한 권고, 심지어 협박조의 말로 들리기도 한다. 그러므로 이것은 부모가 자녀에게, 상사가 부하에게 권위를 가지고 어떤 것을 하라고 말하는 경우에 사용된다.[68] 특히 이 경우에 화자는 실제로 주어가 어떤 행위를 할 것으로 기대하게

---

67 Alexander (1996: 228).
68 When used among native English speakers, *'You'd better ...'* **has the tone of a strong command, and even of a threat**. It is most often used by people in authority when

된다.⁶⁹

You'**d better** not tell anyone about this!
[아무에게도 이 말을 하지 말아야 돼!]
You **had better** put the idea of marriage out of your head.
[결혼한다는 생각을 지워버려야 해.]
You'**d better** finish your homework before your father comes home! If you're not finished, he's going to be very angry!
[아버지께서 오시기 전에 숙제를 마쳐야 하지! 숙제를 다 마치지 않으면 몹시 화를 내실 거야!]
You'**d better** keep off my property or I'll call the police.
[내 재산에 손대지 말아야 해. 그렇지 않으면 경찰을 부를 거야.]

had better는 should, ought to보다 어떤 일이 더 급하다고 하는 가까운 미래에 이루어져야 할 상황을 나타내는 경우에도 쓰인다.⁷⁰

It's seven o'clock. I'**d better** put the meat in the oven.
[일곱 시가 되었네. 고기를 솥에 넣어야 하겠다.]
It's late. You **had better** hurry up.
[늦었어. 서둘러야 하겠어.]
'I really **ought to** go and see Fred one of these days.' — 'Well, you'**d better** do it soon. He's leaving for South Africa at the end of the month.'
['조만간 프레드를 꼭 만나러 가야 돼.' — '그래. 그렇다면 빨리 만나야 돼. 이달 말에 남아프리카로 떠나니까.']

상대방에게 유익한 제안을 하는 경우에는 might, recommend, ought to, should 등을 사용한다.

---

speaking to people below them; parents to children, teachers to students, bosses to employees, etc. 'You'd better ...' is **harsh, authoritarian, and sometimes threatening**. ... So, the expression 'You'd better ...' is used **to warn, to command, and to threaten. But it is NOT used for giving friendly advice**. — Kosofsky (1991: 423).

69 한국인 영어 학습자들은 had better의 사용과 관련해서 문법적인 문제가 아니라, 사회적으로 적절치 못한 뉘앙스를 풍기는 문제가 생길 수 있으므로 신중히 사용하여야 한다.
70 Swan (2005: 203).

There is a really good Folk Museum there.
　　[그곳에는 정말로 좋은 민속 박물관이 있다.]
— You **ought to** visit it.
　　[꼭 가보는 것이 좋을 거야.]
— I **recommend** it strongly.
　　[나는 그곳을 적극 추천한다.]
— You **should** visit it while you're there.
　　[그곳에 가 있는 동안 찾아가 보는 것이 좋을 거야.]

이 이외에 정중하게 표현하려면 It would/might be better/advisable for you to ...를 사용하며, Don't you think you should ...?와 같은 표현은 이보다 더욱 정중한 표현이다.

3) 종종 had better가 조건절을 수반하거나 다른 방법에 의해 조건의 뜻이 암시되기도 한다.

You **had better** study hard *if you want to pass that examination.*
　　[그 시험에 합격하려면 열심히 공부해야 한다. → 조건을 나타내는 if-절을 수반하고 있음.]
You'**d better** take care of your cold; *otherwise it may get worse.*
　　[감기를 잘 치료해야 돼. 그렇지 않으면 더 악화될 거야. → 부사 **otherwise**에 의해 조건의 뜻이 암시되고 있음.]

4) 부정의 뜻일 때에는 부정사 앞에 not을 두며, 부정 의문문의 경우에는 had에 not이 첨가되어 hadn't ... better?라고 할 수 있다.

You'**d better not** wake me up when you come in.
(roughly = I urge you not to wake me up when you come in.)
　　[들어오면서 나를 깨우지 말아야 해.]
Hadn't you **better** write a reply?
　　[답장을 하는 것이 좋지 않겠어?]

4) 비격식적인 말에서는 had better를 'd better와 같이 단축된 형태로 나타나고, 심지어 had가 탈락되기도 하지만, 이러한 형태를 달갑지 않게 여겨지기도 한다.

It's snowing outside. We(**'d**) **better** not go out.

[밖에 눈이 내리고 있군. 외출하지 말아야지.]

심지어 다음 예에서는 주어까지도 생략되고 있다.

I remember being terrified by math classes during my junior high school and high school years. I can still hear two of my teachers say, "Gregg, you are just no good in math. You won't make it. **Better choose a career** that does not involve math." — Gregory L. Jantz, *How to De-Stress Your Life*.
[나는 중학교와 고등학교 시절에 수학 수업 시간이 아주 두려웠던 기억이 난다. 두 분의 선생님께서 "그레그야, 넌 수학을 못해. 잘 하지 못할 거야. 수학과 관련이 없는 직장을 선택하는 것이 좋을 거야." 라고 말하던 것이 아직도 들리는 것 같아. → 마지막 문장에서 **You had** better choose ....에서 You had가 생략되었음.]

5.4.17. need

5.4.17.1. 형태와 의미

의미상 need는 의무 또는 필요가 있음을 주장하는 경우에 쓰인다. 그렇지만 이것은 must가 갖는 확실성이나 should/ought to가 갖는 의심의 뜻을 갖지 않고, 이 중간에 위치하는 뜻을 포함하고 있다.[71] 예컨대 청자에게 머리를 자르라는 의무를 부과할 때 need를 쓰면 must보다 약하지만, ought to보다 강한 의무를 부과하는 것이 된다.

---

71 In terms of meaning, *need to* is half way between *must* and *should/ought to*: it asserts obligation or necessity, but without either the certainty that attaches to *must* or the doubt that attaches to *should/ought to*.... Yet there is a difference in the quality, as well as in the degree of constraint. For *must* and *should/ought to*, the constraint comes from outside the obligated person rather than inside (except for *I/we must* - see §117A). If I say to you *You must get a hair-cut*, I am exerting my own authority over you. But if I say You need to get a hair-cut, I am primarily pointing out to you the constraint that your own situation imposes upon you - that your hair is too long, that you look untidy, so that it is for your own sake that a hair-cut is to be recommended. We can make a similar comparison of *She ought to feel wanted* and *She needs to feel wanted*, the one expressing an external and the other an internal constraint. — Leech (1989: 101; 2004: 102-103).

강한 정도의 등급 (SCALE OF INTENSITY)
You **must** get a hair-cut. (가장 단호한 의무)
You **need to** get a hair-cut.
You **ought to** get a hair-cut. (가장 약한 의무) (Leech 2004: 102)

두 번째 문장에서 need에 담겨진 '의무 또는 필요'라는 뜻은 주어가 놓여있는 상황, 즉 머리가 너무 길어서 단정치 못한 것처럼 보이기 때문에 자신을 위해서 머리를 자르도록 권장한다는 것이다.(must와 ought to의 뜻에 대해서는 이미 5.4.10에서 다루었음.)

미래시에 일어날 일에 대한 결정을 내릴 때 need의 현재시제형이 쓰인다.

Need I come in tomorrow?
[내일 와야 합니까?]
Tell her she **doesn't need to work** tonight.
[오늘 저녁에는 일을 하지 않아도 된다고 그녀에게 말해 달라.]

미래의 의무나 조언을 말하고자 하는 경우에는 will need to를 사용하는데, 이러한 형태는 명령이나 지시가 덜 노골적인 것처럼 들리게 한다.

We**'ll need to repair** the roof next year.
[내년에는 지붕 수리를 해야 할 거야.]
You**'ll need to start** work soon if you want to pass your exams.
[시험에 합격하려면 곧 공부를 시작해야 하지.]
You**'ll need to fill** in this form before you see the Inspector.
[검열관을 만나기 전에 이 서식을 작성해야 할 거야.]

과거시를 나타낼 때 need는 두 가지 형태, 즉 <didn't need to + to-부정사절>과 <need not + 현재완료> 형태로 나타난다.

<didn't need + to-부정사절> 형태는 어떤 행위를 했느냐 하지 않았느냐에 대해 아무런 암시도 없이 단지 그 행위를 해야 할 의무나 필요성이 없었음을 나타낼 따름이다.[72] 그러므

---

[72] The construction '*didn't need to + present infinitive*' expresses absence of necessity without implying anything concerning actualization: *He didn't need to do it* means no more than

로 이것은 'so I didn't' 또는 'but I did'와 같은 내용을 포함하는 것으로 해석될 수 있다.

I **didn't need to work** last Saturday. But I went to my office all the same because I wanted to finish a report.
[난 지난 토요일에 출근할 필요가 없었다. 그래도 보고서를 마치고 싶어서 사무실에 나갔다.]
I **didn't need to work** last Saturday. So I took my car and drove to the seaside.
[난 지난 토요일에 출근할 필요가 없었다. 그래서 차를 운전해서 해변으로 나갔다.]

<needn't + 현재완료> 형태는 과거시에 어떤 행위가 불필요한 것임에도 불구하고 그 행위가 이루어졌음을 나타낸다. 물론 이런 경우에 진술된 행위가 이루어진 시점에는 그 행위가 불필요한 행위였다는 사실을 모르고 행위 이후에 알게 되었다는 점을 내포한다.

George went out. He took an umbrella because he thought it was going to rain. But it didn't rain. He **needn't have taken** the umbrella.
[조오지가 외출했다. 그는 비가 올 것으로 생각했기 때문에 우산을 갖고 갔다. 그러나 비가 오지 않았다. 그는 우산을 가지고 갈 필요가 없었다. → 그럼에도 불구하고 우산을 가지고 간 것은 불필요한 행위를 했다는 뜻을 나타냄.]
I **needn't have written** to him because he phoned me shortly afterwards.
(But I had written, thus wasting my time.)
[그가 그후 즉시 내게 전화를 했으니 그에게 편지를 쓰지 않았어도 됐는데. ─ 그래도 편지를 써서 결국 시간을 낭비했다는 뜻을 내포하고 있음.]

<need never + 현재완료> 형태는 <need not + 현재완료>보다 더 강조하는 뜻을 포함하고 있다.[73]

I **need *never* have packed** all that suncream ─ it rained every day.
[그 선크림을 챙길 필요가 없었는데. 매일 비가 왔으니까.]

---

that it was not necessary for him to do it. ─ Declerck (1991: 389).
73 Swan (2005: 343).

5.4.17.2. 법조동사와 일반동사

need는 본동사와 법조동사 양쪽으로 쓰인다. 긍정문에 쓰이면 need는 항상 본동사로서 3인칭 단수일 때 -s를 수반하며, 과거형은 needed이다. 이에 대한 목적어로서 명사구나 부정사절이 수반된다.

> This soup **needs** more salt.
> [이 스프에는 소금을 더 넣어야 하겠다.]
> I **need** to know the exact size.
> [나는 정확한 치수를 알아야 한다.]
> She **needed** to take a rest.
> [그녀는 휴식을 취해야 했다.]

부정문과 의문문에서는 법조동사와 본동사 양쪽으로 쓰인다. 특히 법조동사로 쓰인 need에는 3인칭 단수에 -s가 붙지 않으며, 과거형이 없다. 또한 to-부정사절 대신에 원형 부정사절이 수반된다.

> He **needn't stay** if he doesn't want to.
> [원치 않는다면 그가 머물러 있을 필요 없지.]
> You **don't need to tell** them in advance we're coming. They're always at home on Sundays.
> [우리가 간다는 걸 미리 그들에게 말하지 않아도 돼. 그들은 일요일에 늘 집에 있으니까.]
> **Need** you **wake** him up?
> [네가 그를 깨울 필요가 있을까?]
> Does he **need to study**?
> [그가 공부할 필요가 있을까?]

need not 또는 don't need to는 의무가 없다는 뜻인 반면에, must not은 ...하지 말아야 한다는 뜻이다.

> You **needn't** tell her. She already knows.

(= 'It is not necessary for you to tell her.')
[그녀에게 말할 필요 없어. 벌써 알고 있으니까.]
You **mustn't** tell her. I don't want her to know.

5.4.18. dare

1) dare는 사용 빈도가 낮은 주변적 법조동사로서,[74] 주로 미국영어에서보다 영국영어에서 사용되는 편이다. 이것은 'to have the courage to'(용기를 가지고 …을 하다)/'to be brave(or rude) enough to'(…할만큼 용기가 있다 /또는 무례하게도 …하다)라는 뜻을 나타내는 것으로서, 본동사로 쓰이기도 하고 법조동사로 쓰이기도 한다.

법조동사로서 dare는 3인칭 단수일 때 -s를 수반하지 않으며, do를 필요로 하지 않으며, 또한 원형 부정사를 수반한다. 따라서 이것은 비단정적인(nonassertive) 문장, 즉 부정문이나 부정적인 뜻이 함축된 문장과 의문문에 쓰인다.

No student **dare stay** away from my lectures.
[어떤 학생도 감히 내 강의에 결석할 수 없다.]
I **daren't tell** you any more, because it's strictly confidential.
[그것은 일급비밀이기 때문에 감히 더 이상 너에게 말할 수 없어.]
I wonder whether he **dare stand up** in public.
[그 녀석이 감히 대중 앞에 설 수 있을까.]
Dare he **come** in?
[그가 감히 들어올 수 있을까?]
They **dared** not move.
[그들은 감히 움직이지 못했다.]

dare가 법조동사로 쓰인 How dare you/he/she …는 어떤 사람의 말이나 행위에 대하여 화자가 아주 큰 충격을 받았고 또한 화가 난다는 뜻을 나타낸다. 반면에 마지막 문장에서처럼 dare가 일반동사로 쓰이게 되면 이러한 뜻을 나타내지 않고 객관적인 상황, 즉 정보를 얻

---

74 오늘날의 비격식적인 영어에서는 dare 대신에 다음과 같은 표현이 일반적이다:
He's not afraid to say what he thinks.
[그는 자신의 생각을 겁내지 않고 말한다.]

고자 하는 순수한 물음을 나타낼 뿐이다.[75]

How dare you suggest that I copied your notes!
[어떻게 내가 너의 공책을 베꼈다고 감히 말할 수 있어!]
How dare he take my bicycle without even asking!
[그녀석이 물어보지도 않고 어떻게 감히 내 자전거를 가져 갈 수 있어!]
How **dare** she **take** the exam without ever once coming to class?
[한번도 수강하지 않았는데 그녀가 어떻게 시험을 치를 수 있단 말인가?]
How **did** she **dare to take** the exam without ever coming to class?
[지금까지 한번도 수강하지 않았는데 그녀가 시험을 치를 수 있을까요?]

dare가 긍정문에는 잘 쓰이지 않고, I daresay와 같은 표현에 쓰여서 그 진술 내용이 거의 틀림없는 사실일 것으로 생각한다는 점을 뜻한다.

I daresay there'll be a restaurant car on the train.
[열차에 식당차가 있겠지요.]
'But I drive on the left in England!' — '**I daresay** you do, but we drive on the right here.'
['하지만 영국에서는 좌측으로 차를 운전하는데요.' — '인정합니다. 하지만 여기서는 우측으로 차를 몰아요.' → 관광객과 경찰의 대화]

2) dare가 'to have the courage to'라는 뜻을 가지고 법조동사보다 본동사로서 더 많이 쓰인다. 본동사로 쓰이면 이것은 일반적인 동사들이 나타내는 형태를 가질 수 있다.

I do not **dare to wear** such conspicuous clothes.
[나는 그처럼 눈에 띠는 옷을 입을 용기가 나지 않는다.]
Would you **dare to go** there on your own?

---

[75] Depending on its sense, the verb *dare* sometimes behaves like an auxiliary verb and sometimes like a main verb .... The auxiliary forms differ subtly in meaning from the main verb forms in that they emphasize the attitude or involvement of the speaker while the main verb forms present a more objective situation. — Pickett (2005: 127). See also Declerck (1991: 419) and Dixon (2005: 188).

[혼자 거기에 갈 수 있겠니?]

I've never understood how he **dares to behave** like that in public.
[그가 어떻게 감히 대중 앞에서 그런 행동을 할 수 있는지 도무지 이해가 되지 않는다.]

do를 수반한 의문문과 부정문에서는 to-부정사절이 수반되어야 하지만, 실제로는 가끔 to가 생략된다.[76]

He **doesn't dare (to)** say anything.
[그는 감히 어떤 말을 할 용기가 나지 않는다.]
Do you **dare (to)** leave the house during the curfew?
[통행금지 시간에 외출할 수 있겠니?]

dare가 'challenge'라는 뜻을 가지고 일반적인 타동사로 쓰인다.

Somebody **dared me to jump** off the bridge into the river.
[어떤 사람이 다리에서 강물로 뛰어들기를 하자고 감히 도전해 왔다.]

참고문헌

문용. 1994. 2008. 고급 영문법해설. 박영사.
박근우. 1991. 영어담화문법. 한신문화사.
배태영. 1989. 영문법연구. 서린출판사.
이기동. 1992. 영어동사의 문법. 신아사.
조병태. 2005. 영문법. 한국문화사.
한학성. 1996. 영어 관사의 문법. 태학사.
Aarts, Flor & Jan Aarts. 1988. *English Syntactic Structures: Functions and categories in sentence analysis.* New York: Prentice Hall.
Alexander, L. G. 1996. *Longman English Grammar.* London: Longman.
Algeo, John. 1995. "Having a look at the expanded predicate." in Aarts, Bas & Charles F. Meyer (ed.). pgs. 203-217.
Allerton, D. J. 1982. *Valency and the English Verb.* New York: Academic Press.
Azar, Betty Schrampfer. 1999. *Understanding and Using English Grammar.* London: Longman.
Baker, C. L. 1997. *English Syntax.* Cambridge: The MIT Press.
Berk, Lynn M. 1999. *English Syntax: From Word to Discourse.* Oxford: Oxford University Press.
Berry, R. 1993. *Collins Cobuild English Guides* ③: *Articles.* London: Harper Collins Publishers.
Biber, Douglas, Stig Johansson, Geoffrey Leech, Susan Conrad & Edward Finegan. 1999. *Longman Grammar of Spoken and Written English.* London: Longman.
Broughton, Geoffrey. 1990. *Penguin English Grammar A-Z for Advanced Students.* Penguin Books.
Carter R. & M. McCarthy. 2006. *Cambridge Grammar of English.* Cambridge:

Cambridge University Press.

Celce-Murcia, M. & D. Larsen--Freeaman. 1983. 1999. *The Grammar Book: An ESL/EFL Teacher's Course*. Heinle & Heinle Publishers.

Chafe, Wallace L. 1970. *meaning and the structure of language*. Chicago: The University of Chicago Press.

Christophersen, P. & A. O. Sandved. 1971. *An Advanced English Grammar*. London: Macmillan.

Close, R. A. 1975. *A reference grammar for students of English*. London: Longman.

_____. 1992. *A Teacher's Grammar: An Approach to the Central Problems of English*. London: Commercial Colour Press.

Coates, Jennifer. 1983. *The Semantics of the Modal Auxiliaries*. London: Croom Helm.

Cowan, Ron. 2008. *The Teacher's Grammar of English: A Course Book and Reference Guide*. Cambridge: Cambridge University Press.

Curme, George O. 1931. *Syntax*. Boston: D. C. Heath and Company.

Declerck, Renaaat. 1991. *A Comprehensive Descriptive Grammar of English*. Tokyo: Kaitakusha.

Dixon, R. M. W. 2005. *A Semantic Approach to English Grammar*. Oxford: Oxford University Press.

Downing, A. & P. Locke. 1992. *A University Course in English Grammar*. New York: Prentice Hall.

_____. 2006. *English Grammar: A University Course*. New York: Routledge.

Eastwood, John. 1997. *Oxford Guide to English Grammar*. Oxford: Oxford University Press.

_____. 2005. *Grammar Finder*. Oxford: Oxford University Press.

Eckersley, C. E. & J. M. Eckersley. 1963. *A Comprehensive English Grammar for Foreign Students*. London: Longmans.

Ek, Jan van & Nico J. Robat. 1984. *The Student's Grammar of English*. Oxford: Basil Blackwell. (고경환 역. 1988. 대학영문법. 한신문화사.)

Firsten, Richard & Patricia Killian. 2002. *The ELT Grammar Book: A Teacher-Friendly Reference Guide*. California: Alta Book Center Publishers.

Frank, Marcella. 1993. *Modern English: A Practical Reference Guide*. Englewood Cliffs, NJ.: Regents/Prentice Hall.

Fries, Charles Carpenter. 1940. *American English Grammar: the Grammatical Structure of Present-Day American English with Especial Reference to Social Differences or Class Dialects*. New York: Appleton-Century-Crofts, Inc.

Greenbaum, Sidney & Randolph Quirk. 1990. *A Student's Grammar of the English Language*. London: London.

Halliday, M. A. K. & Ruqaiya Hasan. 1980. *Cohesion in English*. London: Longman.

Harley, Heidi. 2006. *English Words: A Linguistic Introduction*. Blackwell Publishing.

Herriman, Jennifer & A. Seppänen. 1996. "What is an indirect object?." *English Studies*. 77:5. pgs. 484-499.

Hewings, Martin. 1999. 2005. *Advanced Grammar in Use* (A self-study reference and practice book for advanced students of English). Cambridge: Cambridge University Press.

Hofmann, Th. R. 1993. *Realms of Meaning: An Introduction to Semantics*. London: Longman.

Hornby, A. S. 1975. *Guide to Patterns and Usage in English*. Oxford: Oxford University Press. (영어의 형과 어법연구회 역. 1989. 혼비 영문법. 범문사.)

Huddleston, Rodney D. 1971. *The Sentence in Written English: A Syntactic Study Based on an Analysis of Scientific Texts*. Cambridge: Cambridge University Press.

_____. 1984. *An Introduction to English Grammar*. Cambridge: Cambridge University Press.

Huddleston, Rodney D. & Geoffrey K. Pullum. 2002. *The Cambridge Grammar of the English Language*. Cambridge: Cambridge University Press.

_____. 2005. *A Student's Introduction to En-*

glish Grammar. Cambridge: Cambridge University Press.

Jespersen, O. *A Modern English Grammar, on Historical Principles*. pts. II(1913), III(1927), IV(1931), V(1940), VI(1942), VII(1949). London: George Allen & Unwin Ltd.

_____. 1924. *The Philosophy of Grammar*. London: George & Unwin Ltd.

_____. 1933. *Essentials of English Grammar*. London: George & Unwin Ltd.

_____. 1937. *Analytic Syntax*. N. Y.: Holt, Rinehart and Winston, Inc.

_____. 1938. *Growth and Structure of the English Language*. Oxford: Basil Blackwell.

Joos, Martin. 1964. *The English Verb: Form and Meanings*. Madison: The University of Wisconsin Press.

Kaplan, J. P. 1989. *English Grammar: Principles and Facts*. Englewood Cliffs, N. J.: Prentice-Hall, Inc.

Kosofsky, David. 1991. *Common Problems in Korean English*. (한국식 영어의 허점과 오류. (주) 외국어연수사.)

Kruisinga, E. 1932. *A Handbook of Present-Day English: English Accidence and Syntax*. II:2. Groningen: P. Noordhoff.

Leech, Geoffrey. 1971, 1989, 2004. *Meaning and the English Verb*. London: Longman. (고경환 역. 1985. 英語動詞意味論. 한신문화사.)

_____ & Jan Svartvik. 2002. *A Communicative Grammar of English*. London: Longman.

_____ & Lu Li. 1995. "Indeterminacy between Noun Phrases and Adjective Phrases as complements of the English verb." in Aarts, Bas & Charles F. Meyer (ed).

Lewis, Michael. 1999. *The English Verb: An Exploration of Structure and Meaning*. London: Commercial Color Press Plc.

Levin, Beth. 1993. *English Verb Classes and Alternations: A Preliminary Investigation*. Chicago: The University of Chicago Press.

Lyons, John. 1968. *Introduction to Theoretical Linguistics*. Cambridge: Cambridge University Press.

Master, P. 1996. *Systems in English Grammar: An Introduction for Language Teachers*. Upper Saddle River, NJ.: Prentice Hall Regents.

Murphy, Raymond. 1998. *English Grammer in Use: A self-study reference and practice book for intermediate students*. Cambridge: Cambridge University Press.

Onions, C. T. 1929. *An Advanced English Syntax*. London: Kegan Paul.

Palmer, F. R. 1987. *The English Verb*. London: Longman.

Park, Nahm-Sheik. 2005. *Looking into the Structure of English: Studies in Structural Rhythm and Relativity*. Seoul National University Press.

Pickett, Joseph P.(Executive Editor). 2005. *The American Heritage Guide to Contemporary Usage and Style*. Boston: Houghton Mifflin Company.

Pyles, T. & John Algeo. 1993. *The Origins and Development of the English Language*. N. Y.: Harcourt Brace Jovanovich College Publishers.

Quirk, R., S. Greenbaum, G. Leech & J. Svartvik. 1972. *A Grammar of Contemporary English*. New York: Seminar Press.

_____. 1985. *A Comprehensive Grammar of the English Language*. London: Longman.

Roberts, Paul. 1954. *Understanding Grammar*. New York: Harper & Row.

Schlesinger, I. M. 1995. "On the semantics of the object." in Aarts, Bas & Charles F. Meyer (ed.). pgs. 54-74.

Sinclair, John(editor-in-chief). 1990. *Collins Cobuild English Grammar*. London: Penguin Books.

Stageberg, Norman C. 1981. *An Introductory English Grammar*. New York: Holt, Rinehart and Winston.

Swan, M. 2005. *Practical English Usage*. (3rd ed.) Oxford: Oxford University Press.

Swan, M. & C. Walter. 2011. *Oxford English Grammar Course* (Intermediate). Oxford: Oxford University Press.

Thomson, A. J. & A. V. Martinet. 1980, 1986. *A Practical English Grammar*. Oxford: Oxford University Press. (박의재 역. 1985. 實用英語文法. 한신문화사.)

Wierzbicka, Anna. 1988. *The Semantics of Grammar*. Amsterdam: John Benjamins.

Wood, Frederick T., R.H. Flavell & L.M. Flavell. 1962. *The Macmillan Dictionary of Current English Usage*. London: Macmillan.

Yule, George. 2006. *Oxford Practice Grammar* (Advanced). Oxford: Oxford University Press.

Yule, George. 2011. *Explaining English Grammar*. Oxford: Oxford University Press.

Zandvoort. R. W. 1969. *A Handbook of English Grammar*. Tokyo: Maruzen Company Ltd.

찾아보기

1. 문법사항

ㄱ

가산명사 ·················· 26-43
간접목적어 ················ 393-404
 - 담화적 기능 ··············· 400
 - 생략 ···················· 394
간접목적어와 직접목적어 · 393, 403-404
강의복수 ···················· 75-76
개념적 일치 ···················· 78
격 ························· 89-114
 - 공통격과 속격 ············ 89-90
격형의 선택 ················ 227-229
견인 ·························· 82
견해동사 ···················· 410
결과목적어 ················ 389-390
경동사 ··············· 347, 371-382
고유명사 ···················· 45-48
공주어 ························ 232
관사 ························· 133
 - 부정관사 ················ 136-149
 - 영관사 ········ 133, 194-213, 217
 - 정관사 ·················· 149-193
관사와 명사 ················ 134-135
관용어구(속격) ················· 98
교통·통신 등 ·············· 209-211
구동사 ····················· 416-420
구정보 ··················· 94, 401-404
구한정사 ····················· 337
근사복수 ····················· 73-74
근접의 원칙 ···················· 82

ㄴ

남성명사 ······················ 114
능격동사 ················ 382-385

ㄷ

다어동사 ·········· 412-415, 423-424
단위명사 ················ 36-40, 54
단일 주어, 이중 주어 ·········· 77-80
대명사 ······················ 223-224
대명사적 한정사 ················ 225
대명사화 ··················· 229-231
 - 순행 대명사화 ················ 230
 - 역행 대명사화 ················ 230
대용형 ··················· 225, 278-281
독립 속격 ················ 106-108
동격 ······················ 119-122
 - 비제한적 ················ 120-121
 - 제한적 ······················ 119
동격 속격 ····················· 103
동족목적어 ················ 386-388

ㅁ

명명동사 ······················ 409
명사구 ··················· 360-361
명사절 ························ 363
모음변이 복수 ··················· 62
목적보어 ··················· 233, 405

목적어 ································ 366-369
 - 생략 ······························ 366-370
 - 일반 목적어 ····················· 367-368
 - 특정 목적어 ····················· 367-368
목적어 속격 ···················· 99-101, 242
목적어 영역 ······························ 229
문미 중점의 원칙 ············· 94, 403-404
문미 초점의 원칙 ····· 94, 401-402, 404
문법성 ····································· 114
물질명사 ································ 53-55

ㅂ

반응목적어 ······························ 388
법성 ·································· 434-435
 - 근원적 ······························· 436
 - 진술 완화적 ····················· 436-437
법조동사 ······························ 431-435
 - 문법적 특성 ····················· 431-432
 - 법성 ····························· 434-435
 - 법조동사구 ······················ 433-434
보어 ·································· 344-345
보통명사 ··································· 44
보통명사화 ································· 53
 - 고유명사 ···························· 45-47
 - 물질명사 ······························· 53
 - 추상명사 ···························· 55-56
복합명사의 복수형 ···················· 63-64
복항타동사 ························· 404, 406
복항 타동성 ······························ 406
부분 속격 ······························ 103-131
부분 표현 ······························· 36-43
 - 가산명사 ···························· 40-42
 - 불가산명사 ························· 36-40
 - 수식어 ································ 42
부사류 ·························· 347-349, 391
부사의 형용사화 ····················· 129-130
부사적 보어 ·························· 348-349

부정관사 ······························ 136-149
 - 생략과 반복 ························· 213
 - 위치(명사구에서) ················ 147-148
부정관사의 총칭적 용법 ········ 214-215
 - 제약 ······························ 218-219
부정대명사 ·························· 276-334
분열문 ······································ 235
분화복수 ··································· 71
불가산명사 ····························· 26-43
불변화사 ······························ 412-415
비정형동사 ······························· 425

ㅅ

사실적 가능성 ··························· 455
산발적 지시 ··························· 155-156
상호대명사 ·························· 270-276
상호복수 ································ 74-75
상황적 지시 ·························· 151-157
 - 광역 상황 ························· 153-157
 - 근접 상황 ························· 151-153
생략 ·································· 366-370
성 ····································· 114-119
소유대명사 ·························· 240-244
소유 속격 ································ 102
소유한정사 ·························· 240-244
속격의 의미 ·························· 99-104
 - 기원 속격 ························· 102-131
 - 동격 속격 ···························· 103
 - 목적어 속격 ················· 99-101, 242
 - 부분 속격 ························· 103-131
 - 소유 속격 ························· 102-131
 - 주어 + 보어의 관계 ············ 103-131
 - 주어 속격 ························· 99-131
속격형 ······································ 90
속격형의 선택과 성 ················· 95-96
수 ······································ 58-64
 - 규칙 복수 ···························· 59-60

－ 불규칙 복수 ····················· 60-64
수량명사 ································· 84
수사 ································· 83-89
　－ 기수 ···························· 83-86
　－ 서수 ································ 87
수의 불일치 ···························· 82
수의 일치 ··························· 76-81
　－ 단일 주어 ··························· 76
　－ 단일 주어, 이중 주어 ············ 77-80
술어동사의 보어 ······················ 392
시간부사 ······························ 348
식사명 ···························· 201-202
신정보 ···················· 94, 401-404, 417
신체의 일부 ······················ 172-174

ㅇ

양성명사 ······························ 115
양태부사 ···················· 348, 384, 386
어군 속격 ······················· 108-109
여성명사 ······························ 114
연결동사 ··············· 351, 353-360, 405
영관사 ···························· 194-211
영관사와 명사 ························ 194
영복수 ······························ 60-61
외견동사 ······························ 353
외국 복수 ······························ 62-63
외치된 목적어절 ······················ 233
외치된 주어절 ························ 233
유일한 직위·신분 ················ 195-198
의문대명사 ························ 253-258
의문부사 + ever ······················ 258
의문부사 + on earth/on the hell ··· 258
의문한정사 ························ 253-258
의사보어 ···························· 363-365
이론적 가능성 ···················· 442, 455
이중 속격 ··························· 110-114
　－ 구조 ···························· 110-111

　－ 제약 ···························· 111-114
이항타동사 ······················· 393, 396
인칭대명사 ························ 226-232
　－ 격형의 선택 ···················· 227-229
　－ 형태 ···························· 226-227
일차적 조동사 ···················· 427-431
　－ be와 have ························ 427-428
　－ do ······························ 429-431
일항타동사 ················· 366, 391, 407

ㅈ

자동사 ······························ 346-347
자연성 ······································ 114
장소목적어 ························ 390, 391
장소부사 ······························ 348
재귀대명사 ························ 258-270
　－ 강조 ································ 268
　－ 재귀대명사화 ···················· 259-261
　－ 재귀동사 ························ 263-265
　－ 재귀적 ·························· 266-267
재귀대명사와 인칭대명사 ············· 269
재귀대명사화 ······················ 259-262
재귀동사 ···························· 263-265
전방 조응적 지시 ·········· 158, 230, 232
전치 ································· 394-396
전치사 + 간접목적어 ················ 397-399
전치사 + 재귀대명사 ····················· 270
전치사구 ·· 362, 374-375, 381, 391-392, 397
전치사를 수반한 구동사 ··········· 422-423
전치사를 수반한 동사 ······ 413, 420-421
전치사의 삽입 ·························· 370
절대복수 ································ 65-66
정관사 ································ 149-193
　－ 상황적 지시 ······················ 151-157
　－ 언어적 지시 ······················ 157-170
정도명사구 ······························ 360

정도 형용사 ·· 408
정형동사 ······································· 424-425
조작어 ··· 427-429
종별 속격 ····································· 105-106
주격보어 ···························· 351-363, 406
주어 + 보어의 관계 ··························· 103
주어 속격 ··· 99
주어 영역 ·· 229
중성명사 ·· 114
지시대명사 ··································· 245-252
 - 상황적 지시 ································· 247
 - 전방 조응적 지시 ························ 248
 - 후방 조응적 지시 ························ 249
지시한정사 ··································· 245-246
직접목적어 ······ 371, 376-377, 393-398
질량명사 ··· 25
집합명사 ······································· 49-52
 - 개별성 ·· 51
 - 단일성 ·· 50

ㅊ

차용어 ·· 62
척도어 ··· 84
초점 ·· 417-418
총합복수 ··· 67
추상명사 ······································· 55-58
추상명사구 ································· 122-131
 - 목적어 ···································· 128-129
 - 부사의 형용사화 ···················· 129-130
 - 주어 ·· 125-128
 - 파생 ·· 123-124

ㅌ

통성명사 ·· 117
특정 속격 ···································· 104-105

ㅍ

평행 구조 ·· 212
폐쇄 부류 ·· 223
피동목적어 ························ 384, 389, 390

ㅎ

한정사 ································ 23, 334-341
 - 전치 한정사 ····················· 337-339
 - 중심 한정사 ··· 257, 285-287, 337-339
 - 후치 한정사 ········ 316-317, 337-341
한정사와 형용사 ························ 334-336
(한정사) + 형용사 + one(s) ··········· 280
형식목적어 ·· 233
형용사구 ·· 361
후방 조응적 지시 ····························· 164

2. 어구

A

a/an + 명사 + of one's own ········· 244
a/an, one ·································· 141-143
accompanied by ···························· 81
a couple of ······································ 28
a few ·· 314-317
a good/great many ··············· 28, 318
a great deal of ············· 319-320, 337
agree (with) ···································· 275
a large amount/number of ········· 320
all ·· 284-291
all ... not ································· 290, 332
a lot of ··· 28
another ······················ 26, 321-323, 337
another of ······································ 321

a number of	28
any	146, 307-309
anyone	300, 309, 312, 333
anyone else('s)	309
a pair of	67
appear	353
As few as	317
as little as	317
as well as	81
audience	49-50

B

barely	309
be와 have	427-428
be allowed to	433, 445, 449, 454
become	355-356
be used to	494-495
both	28, 284-288
both of	285-287
but(전치사)	81
by + 동작주	100, 129
by the + 단위명사	146

C

can	439-445
- 사실적 가능성	442
- 이론적 가능성	442, 455
can/could + 현재완료	451-452
can't + 현재완료	465
capable of	440
class	51
collide (with)	275
come	346, 355-356
come to be	355-356
committee	51
communicate (with)	275

company	49
compete (against/with)	275
continue	355, 383
converse (with)	275
correspond (with)	275
could	445-450
cuddle	275

D

dare	503-505
didn't need to	500
different (from)	276
differ (from)	275
do	429-431
- 감정적 강조	429
- 대립적 강조	430
do (a(n)) + 명사	375
don't have to	462
don't need to	462

E

each	291-297
each(부사) ... the other	274
each and every	294
each ... his 등	296
each of	295, 340
each other	271-276
each ... the other	274-275
each ... the other's	274
each ... they	296
either	300-302
either of ...	302-303, 340
embrace	275
enough	326-327, 337, 340
-en 복수	61
every	27, 291-294

everybody, everyone ·············· 297
everyone과 every one ········ 298-300
every single (one of) ·········· 299-301
everything ························· 297
everything else ····················· 298

F

fall ································· 346
family ······························ 49
feel ··························· 353-354
few ···· 28, 314-317, 328, 335-337, 341, 370, 385

G

generation ·························· 51
get ········· 345, 349, 355-356, 398-399
get used to ······················· 494
give (a(n)) + 명사 ·············· 376-378
go ································· 357
government ························ 51
group ······························ 51
grow ····················· 355, 358, 383

H

had better ····················· 495-499
half ··························· 329-330
hardly ····························· 309
hardly any 등 ····················· 309
have (a(n)) + 명사 ·············· 378-379
have (got) to ··················· 465-468
hear ······························ 448
hug ································ 275

I

-ics로 끝나는 학문명 ················ 68-70
I daresay ·························· 504
identical (with) ···················· 276
including ··························· 81
it ···························· 232-235

K

keep ······················ 353-354, 398
kiss ······························· 275
know/learn how to ················· 440

L

last/the last 등 ·················· 170-172
lie ································ 349
like ································ 81
little ·························· 314-317
live ··························· 348-349
look ··························· 353-354
look like ·························· 354

M

make ······························ 358
make (a(n)) + 명사 ············· 380-381
man과 woman ················· 219-221
managed to ··················· 446-448
many ·············· 28, 314-320, 338
many more ······················· 318
many of ······················ 317-318
match ····························· 275
may ······················ 444, 452-456
may/might + 현재완료 ·········· 458-459
may/might (as) well ············ 459-461
meet ······························ 275

might	456-458
more than	80-81
most	328-329
most of	328
much	317-318
must	461-465, 473
must + 현재완료	464
must not	462

N

need	499-503
need not	462
need not + 현재완료	501
neither	300-302
Neither of	290, 302-304
no	330-331
nobody('s)	332-333
no less than	81
none of	290, 331-332
None of	290, 331-332
no one('s)	333
not many	315-316
not much	315-316

O

of + 추상명사	56-57
of-구(속격)	93
one	239, 277-283
- 대용형	278-283
- 수사	277
- 총칭적	283
one after another	274
one ... another	277
one ... himself 등	283
one ... oneself	283
one's own	243-244

one's very own	244
one/the one ... the other	278
one ... the other	325
one thing ... another	323
only	309
other	323
others	323-324
ought to	470-474
ought to/should + 현재완료	475-476

P

party	49
per	145-146
plenty of	28
prove	353

Q

quarrel (with)	275

R

rarely	309
remain	354
remember	448
run	359

S

-'s 속격	93-98
scarcely	309
seem	353
seem like	354
seldom	309
several	28, 328
shall	488-489
should	471-474, 497

similar (to)	276
sit	349
smell	353, 448
some	28, 146, 304-306
some of ...	305
someone else('s)	307
something	307
sound	354
species	41
staff	51-52
stay	354
succeeded in ... -ing	446
SV 문형	345-346
SVA 문형	347-348
SVC 문형	351-352
SVO 문형	366
SVOA 문형	391
SVOC 문형	404
SVOO 문형	393

T

take (a(n)) + 명사	381-382
taste	353-354, 448
team	51
that of ...	107, 279
that/those	249
the + 방위와 방향	184-186
the + 비교급, the + 비교급	174
the + 성의 복수형	48
the + 악기명	182
the + 지역명	186-193
the + 형용사	175-183
- 구조	181-182
- 뜻	175-181
the former ... the latter	252
the others	326
they(총칭적)	239-240

this kind/sort of 등	42
this/these	252
those of ...	107, 279
(together) with	81
turn	359

U

understand	448
used to	489-495
used to와 would	492-494

W

was/were able to	446
we	236-237
- 배타적 we	236
- 온정적 we	237
- 편집자의 we	236
- 포괄적 we	236
we(총칭적)	238
will	476-483
will + 현재완료	483
will be able to	441
with(out) + 추상명사	57
would	484-488
wouldn't ...?	485
would rather/sooner	486

Y

you(총칭적)	239

의사소통을 위한
새로운 영문법해설 1

1판 1쇄 발행 2020년 4월 30일

지 은 이 | 고경환
펴 낸 이 | 김진수
펴 낸 곳 | 한국문화사
등   록 | 제1994-9호
주   소 | 서울시 성동구 아차산로49, 404호 (성수동1가, 서울숲코오롱디지털타워3차)
전   화 | 02-464-7708
팩   스 | 02-499-0846
이 메 일 | hkm7708@daum.net
홈페이지 | http://hph.co.kr

ISBN   978-89-6817-874-0   94740
세트   978-89-6817-873-3   94740   (전4권)

· 이 책의 내용은 저작권법에 따라 보호받고 있습니다.
· 잘못된 책은 구매처에서 바꾸어 드립니다.
· 책값은 뒤표지에 있습니다.

· 이 도서의 국립중앙도서관 출판예정도서목록(CIP)은 서지정보유통지원시스템 홈페이지(http://seoji.nl.go.kr)와 국가자료공동목록시스템(http://www.nl.go.kr/kolisnet)에서 이용하실 수 있습니다.(CIP제어번호: CIP2020015789).

오류를 발견하셨다면 이메일이나 홈페이지를 통해 제보해주세요.
소중한 의견을 모아 더 좋은 책을 만들겠습니다.

식품위생법 질의답변집

식품의약품안전처

Jinhan M&B

식품위생법 질의답변집

Contents

1 식품제조 · 가공업   1

- 식품제조 · 가공업 영업등록 대상 여부(1) ·· 3
- 식품제조 · 가공업 영업등록 대상 여부(2) ·· 4
- 식품제조 · 가공업 영업등록 대상 여부(3) ·· 5
- 영업허가 대상 여부 ·· 6
- 김치원료인 절임배추의 제조 시 지하수 수질검사 의무 여부 ···················· 7
- 표시사항이 기재된 포장지를 제거하여 보관한 경우 행정처분 대상 여부 ··· 8
- 가공 후 남은 가공물을 혼합하여 제조 · 가공 가능 여부 ······················· 9
- 고추씨 판매 시 품목제조보고 대상 여부 ·· 10
- 품목제조보고한 사항 외의 원재료를 사용할 경우 위반사항 여부 ·········· 11
- 식품제조 · 가공업 등록 시 구비서류 ··· 12
- 원료와 완제품 함께 보관 가능 여부 ··· 13
- 위탁생산과 유통전문판매업의 차이 ·· 14
- 품목제조보고 기간 및 보고기간 초과 시 행정처분 여부 ······················ 15
- 품목제조보고서 작성 방법 ·· 16
- 연구개발용 제품 제조 시 품목제조보고 대상 여부 ····························· 17
- 원산지 변경 시 품목제조변경보고 대상 여부 ···································· 18
- 식품유형 및 품목제조보고 대상 여부 ··· 19
- 품목제조보고서 작성방법(식품유형과 살균제품병행표기) ····················· 20
- 품목제조 변경보고 사항 이외의 경우 변경보고 대상 여부 ··················· 21
- 품목제조보고 시 배합비율 표시 여부 ··· 22
- 원재료의 품종이 다양할 때 품목제조보고 ······································· 23
- 보관방법이 달라질 경우 품목제조보고 ·· 24

i

- 원재료 중 복합원재료의 기재 방법 ········· 25
- 원재료, 배합비율 등이 동일한데 별도 품목제조보고 가능 여부 ········· 26
- 기 품목제조보고 된 제품을 수출하고자 할 경우 ········· 27
- 일부공정 위탁 시 품목제조보고 여부 ········· 28
- 시설기준 적용특례에 따른 위탁생산 가능 여부 ········· 29
- 냉동고 공동사용 시 위탁생산계약 가능 여부 ········· 30
- 식품제조·가공업 등록 시 사무실 여부 ········· 31
- 냉장/냉동 가설건축물 제품보관창고 용도 사용 문의 ········· 32
- 공산품과 식품을 세트로 구성하여 판매 가능 여부 ········· 33
- 세트 상품 품목제조보고(1) ········· 34
- 세트 상품 품목제조보고(2) ········· 35
- 출장뷔페 영업신고 ········· 36
- 표시사항 누락 제품 사용 처분 적용 ········· 37

2 즉석판매제조·가공업

- 즉석판매제조·가공업 영업신고 대상 여부(1) ········· 41
- 즉석판매제조·가공업 영업신고 대상 여부(2) ········· 42
- 즉석판매제조·가공업 영업신고 대상 여부(3) ········· 43
- 즉석판매제조·가공업 영업신고 대상 여부(4) ········· 44
- 즉석판매제조·가공업 국제택배 가능 여부 ········· 45
- 즉석판매제조·가공업으로 업종변경 가능 여부 ········· 46
- 즉석판매제조·가공업 영업범위 해당여부 ········· 47
- 식품제조·가공업과 즉석판매제조·가공업의 차이 ········· 48
- 즉석판매제조·가공업 온라인 판매 가능여부 ········· 49

3 식품소분 · 판매업 및 식품보존업

(1) 식품소분업
- 식품소분업 신고 대상 여부(휴게음식점에서 소스를 덜어서 판매) ········ 53
- 식품소분업 신고 대상 여부(견과류 혼합) ··· 54
- 식품소분업 신고 대상 여부(식용유지 소분·판매) ································· 55
- 소분행위 해당 여부 ·· 56
- 수입제품 소분 여부 ·· 57
- 식초가 재료인 음료베이스 소분 여부 ·· 58
- 소분판매 제품 이물혼입 시 법적책임 여부 ··· 59

(2) 식용얼음판매업
- 식용얼음판매업 영업신고 대상 여부 ·· 60

(3) 식품자동판매기영업
- 식품자동판매기영업 영업신고 대상 여부(유제품 등) ····································· 61
- 식품자동판매기영업 영업신고 대상 여부(PC방의 탄산음료 기계) ········ 62
- 식품자동판매기영업의 온도계 부착 ··· 63

(4) 유통전문판매업
- 유통전문판매업 영업신고 대상 여부 ·· 64
- 유통전문판매업자 위생 점검 ··· 65

(5) 집단급식소 식품판매업
- 집단급식소 식품판매업 영업신고 ·· 66
- 집단급식소 식품판매업 시설기준(작업장) ··· 67
- 집단급식소 식품판매업 대상 여부(유제품 납품) ·· 68

- 집단급식소 식품판매업자 운반차량 ·· 69
- 집단급식소 식품판매업 신고 대상 여부(1) ······················· 70
- 집단급식소 식품판매업 신고 대상 여부(2) ······················· 71

(6) 식품등 수입판매업
- 식품등수입판매업 영업장 면적 변경 ····································· 72
- 식품등수입판매업 시설기준(사무실) ····································· 73
- 식품등수입판매업 시설기준(보관창고) ·································· 74
- 수입냉동제품의 포장 결함 시 재포장 가능 여부 ·············· 75
- 수입제품의 제조원 허위 표시한 경우 처분 ······················· 76

(7) 기타식품판매업
- 기타식품판매업의 영업장 면적 기준 ····································· 77

4 식품첨가물제조업, 식품운반업 및 제과점영업

(1) 식품첨가물제조업
- 식품첨가물제조업 시설기준 ·· 81

(2) 식품운반업
- 식품운반업 영업신고 대상 여부(1) ·· 82
- 식품운반업 영업신고 대상 여부(2) ·· 83
- 식품운반업 영업신고 대상 여부(3) ·· 84
- 식품운반업 영업신고 대상 여부(4) ·· 85
- 식품운반업 영업신고 대상 여부(5) ·· 86

(3) 제과점영업

- 제과점영업 제품을 다른 곳으로 납품가능 여부 ·································· 87
- 제과점영업 온라인 홍보가능 여부 ·· 88
- 제과점영업 영업 행위 해당 여부(1) ·· 89
- 제과점영업 영업 행위 해당 여부(2) ·· 90
- 제과점영업 영업 행위 해당 여부(3) ·· 91
- 제과점영업 영업 행위 해당 여부(4) ·· 92

5 휴게음식점영업 및 일반음식점영업

- 식품접객업소의 조리식품 보관방법 ··· 95
- 일반음식점에서 된장 제조·판매 가능 여부 ·· 96
- 음식점 메뉴판에 '명인' 표현 ·· 97
- 음식점 메뉴판에 '리얼딸기주스' 및 '생딸기주스' 표현 ······················· 98
- 휴게음식점에서 식품제조·가공업소 제품 조리 후 진열·판매 가능 여부 ·· 99
- 고객용 편의시설 운영 시 휴게음식점영업 대상 여부 ························ 100
- 휴게음식점 조리장 내 방충망 설치 의무 여부 ·································· 101
- 영업신고 관련 질의 ··· 102
- 일반음식점 내 코너별 운영 ··· 103
- 푸드코트의 공동취식공간 및 식품외의 제품판매 가능 여부 ··············· 104
- 휴게음식점 내 제조커피원액 판매 가능 여부 ···································· 105
- 휴게음식점 옥외영업 ·· 106
- 휴게음식점에서 무알콜맥주 판매 가능 여부 ····································· 107

- 휴게음식점 내 반지만들기 체험장 운영 가능 여부 ·············· 108
- 휴게음식점 주류 진열 판매 ·············· 109
- 휴게음식점의 판매 가능 상품 ·············· 110
- 일반음식점에서 조리한 식품 손님에게 판매 가능 여부 ·············· 111
- 일반음식점에서 포장·판매 ·············· 112
- 일반음식점의 배달 및 포장·판매 ·············· 113
- 일반음식점 상호명(1) ·············· 114
- 일반음식점 상호명(2) ·············· 115
- 일반음식점 상호명(3) ·············· 116
- 식품접객업에서 완제품 분할판매 ·············· 117
- 식품접객업 시설기준 ·············· 118
- 일반음식점 영업행위에 해당하는지 여부 ·············· 119
- 일반음식점 영업 대상 여부 ·············· 120
- 일반음식점 종업원의 도박행위 ·············· 121
- 식품접객업소의 영업장 무단 확장 ·············· 122
- 수질검사 부적합 판정 시 행정처분 차수적용 ·············· 123
- 수질검사 기준 초과 시 행정처분 ·············· 124
- 영업자 준수사항 위반 처분 적용 ·············· 125
- 신축건물 영업신고 ·············· 126
- 지위승계 관련 처분 적용 ·············· 127
- 일반음식점 영업자의 준수사항 ·············· 128
- PC방내 조리 행위의 범위 ·············· 129
- 일반음식점에서 쿠키포장판매 시 별도 영업신고 대상 여부 ·············· 130

6 단란주점영업 및 유흥주점영업

- 단란주점에서 커피 판매 가능 ·· 133
- 단란주점영업 명의변경 및 직권말소 ··· 134
- 유흥주점영업 지위 승계 ·· 135
- 유흥접객원 관리 및 건강진단 ··· 136
- 유흥주점영업에서 낮시간에 식사제공 등을 할 경우 ························· 137

7 위탁급식영업, 집단급식소 및 영양사·조리사

- 위탁급식영업자가 식품 포장·판매 가능 여부 ·································· 141
- 일반음식점의 식재료 위탁급식영업에 사용 가능 여부 ···················· 142
- 위탁급식영업 시 커피류 판매 가능 여부 ·· 143
- 건축물 용도 상 영업신고 가능 여부 ·· 144
- 집단급식소 1회급식인원 기준(1) ·· 145
- 집단급식소 1회급식인원 기준(2) ·· 146
- 집단급식소 설치·운영신고 대상 여부(아파트 주민공동시설) ·········· 147
- 집단급식소 설치·운영신고 대상 여부(급식인원 50인 미만) ············ 148
- 집단급식소 설치·운영신고 대상 여부(식당가가 있는 기업관) ········ 149
- 집단급식소 설치·운영신고 대상 여부(의무경찰 급식시설) ·············· 150
- 집단급식소 무신고 행정처분 ·· 151
- 집단급식소 공동관리(1) ··· 152

- 집단급식소 공동관리(2) ··· 153
- 집단급식소에서 식중독 발생 시 처분 적용 ················ 154
- 개별법에 따른 영양사(조리사)고용 ···························· 155
- 영양사 의무고용 및 공동관리 ···································· 156
- 위탁급식영업 시 영양사 의무고용 ····························· 157
- 영양사·조리사의 상시근무 및 공동관리 ···················· 158
- 영양사·조리사 면허 모두 소지자 갈음 가능 여부 ······· 159
- 집단급식소 설치대상이 아닌 자 유통기한 경과제품 보관 시 처분 ······ 160

8 허위표시·과대광고

- 허위표시·과대광고(질병효과) ···································· 163
- 허위표시·과대광고(안티에이징 표현) ························ 164
- 허위표시·과대광고(신진대사 등 효과) ······················· 165
- 허위표시·과대광고(원재료의 효능) ···························· 166
- 허위표시·과대광고(다이어트 내용) ···························· 167
- 허위표시·과대광고(블로그 이용) ······························· 168
- 허위표시·과대광고(질병정보를 알리는 행위) ·············· 169
- 허위표시·과대광고(다이어트, 디톡스) ······················· 170
- 허위표시·과대광고(가공식품 원재료의 효능 광고) ······ 171
- 허위표시·과대광고(홈페이지 광고) ···························· 172
- 과대광고 행정처분 대상 ·· 173

9 기타 질의 사항

- 건강진단 검진주기 기준 ········· 177
- 건강진단을 받지 않는 자 처분사항 ········· 178
- 결핵진단받은 자 영업종사 가능여부 ········· 179
- 건강진단대상자 여부 ········· 180
- 기기로 인한 유통기한 표시오류 시 처분기준 ········· 181
- 휴업 중 상호 대여 가능 여부 ········· 182
- 영업신고 대상여부(선상에서 회 썰어주는 행위) ········· 183
- 마트 내 시식코너 영업신고 대상 여부 ········· 184
- 수수료 납부 대상 여부 ········· 185
- 교육 명령 이행하지 않을 경우 과태료 처분 대상 여부 ········· 186
- 과징금 산정 시 해당 연도 판단 ········· 187
- 과징금 산정 시 총 매출금액을 알 수 없을 경우 ········· 188
- 과태료 처분 대상 여부 ········· 189
- 과징금 산출기준 ········· 190
- 과징금 분할 납부 가능 여부 ········· 191
- 공소기각 결정 시 행정처분 가능 여부 ········· 192
- 약사법 위반 제품 행정처분 가능 여부 ········· 193
- 사용금지 원료 판매 시 행정처분 기준 ········· 194
- 영업정지 처분 중 폐업신고 가능 여부 ········· 195
- 체납자 행정처분 가능 여부 ········· 196
- 과태료와 함께 행정처분 가능 여부 ········· 197
- 야간에 출입·검사 가능 여부 ········· 198

1. 식품제조·가공업

식품제조 · 가공업 영업등록 대상 여부(1)

Q 질문

오피스텔을 임차하여 식품제조시설을 갖추고 초콜릿 가공(초콜릿을 녹여 여러 가지 재료를 첨가하여 제품완성)을 배우고자 하는 수강생에게 일정의 수강료(기술전수비 및 제품원료비)를 받고 수업 중 만든 제품은 수강생이 가져갈 경우, 식품제조·가공업 영업등록 대상인가요?

A 답변

「식품위생법」에 따른 '영업'이라 함은 '식품 등을 채취·제조·수입·가공·조리·저장·소분·운반 또는 판매하거나 기구 또는 용기·포장을 제조·수입·운반·판매하는 업을 말한다.'고 규정하고 있습니다.

따라서, 제품을 유통·판매하는 것이 아니라 해당 장소에서 수강생이 직접 만들어서 먹거나 가져가는 것은 영업신고 대상에 해당되지 않을 것으로 판단됩니다.

참고로, 해당 장소에서 사용되는 기구·용기·포장은 「식품위생법」 제9조(기구 및 용기·포장에 관한 기준·규격)에 적합한 것으로 깨끗하고 위생적으로 관리하여야 하며, 식품을 취급하는 자는 누구든지 「식품위생법」 시행규칙 제2조 관련 [별표 1] 식품등의 위생적인 취급에 관한 기준을 준수하여야 하므로, 이를 위반하였을 시에는 과태료 등의 처분을 받을 수 있습니다.

식품제조·가공업 영업등록 대상 여부(2)

Q. 질문

집에서 레몬을 썰어 첨가물을 가하지 않고 건조해서 인터넷으로 판매하고자 할 때, 영업신고를 하여야 하나요?

A. 답변

「식품위생법」 제37조 관련 같은 법 시행령 제25조제2항제6호 및 제26조의2제2항 제6호에 따라 식품첨가물이나 다른 원료를 사용하지 아니하고 농산물·임산물·수산물을 단순히 자르거나, 껍질을 벗기거나, 말리거나, 소금에 절이거나 숙성하거나 가열(살균의 목적 또는 성분의 현격한 변화를 유발하기 위한 목적의 경우는 제외)하는 등의 가공과정 중 위생상 위해가 발생할 우려가 없고, 식품의 상태를 관능검사로 확인할 수 있도록 가공하는 경우(다만, 집단급식소에 식품을 판매하기 위하여 가공하는 경우 및 식품등의 기준 및 규격에 의한 신선편의식품에 해당하는 경우는 제외)는 「식품위생법」 에 따른 영업신고(또는 등록) 대상이 아닙니다.

이와 관련하여 레몬을 슬라이스 하여 단순히 건조한 제품인 경우 '농산물'에 해당 하므로 영업신고(등록)대상에 해당하지 않습니다.

식품제조 · 가공업 영업등록 대상 여부(3)

Q. 질문

냉동 어류를 익히거나 양념을 하지 않고 단순(어류 본래의 모습은 그대로 유지)토막하여 판매하고자 하는 경우 영업등록(신고) 대상인가요?

A. 답변

「식품위생법」 제37조 관련 같은 법 시행령 제25조제2항제6호 및 제26조의2제2항 제6호에 따라 식품첨가물이나 다른 원료를 사용하지 아니하고 농산물·임산물·수산물을 단순히 자르거나, 껍질을 벗기거나, 말리거나, 소금에 절이거나 숙성하거나 가열(살균의 목적 또는 성분의 현격한 변화를 유발하기 위한 목적의 경우는 제외)하는 등의 가공 과정 중 위생상 위해가 발생할 우려가 없고, 식품의 상태를 관능검사로 확인할 수 있도록 가공하는 경우(다만, 집단급식소에 식품을 판매하기 위하여 가공하는 경우 및 식품등의 기준 및 규격에 의한 신선편의식품에 해당하는 경우는 제외)는 「식품위생법」에 따른 영업등록(또는 신고) 대상이 아닙니다.

이와 관련하여 냉동 고등어, 명태, 아귀를 단순히 절단하여 포장한 제품은 '수산물'에 해당되므로 영업등록(신고)대상에 해당하지 않습니다.

영업허가 대상 여부

Q. 질문

뱀, 지네, 말벌 등 야생생물로 담근 술을 식품으로 볼 수 있는지 여부와 영업허가 시 해당 관할기관 및 영업의 종류는 무엇인가요?

A. 답변

뱀, 지네, 벌은 식품원료로서 안전성 및 건전성이 입증되지 않아 현행 규정상 식품원료로 사용할 수 없습니다.

「식품위생법」상 식품으로 사용가능한 원료를 첨가하여 주류를 제조하고자 하는 경우, 우선 「주세법」 제6조에 따라 국세청에서 주류 제조면허를 받고, 「식품위생법」 시행령 제21조에 의한 식품제조·가공업 영업등록을 관할 지방식품의약품안전청에 해야 합니다.

김치원료인 절임배추의 제조 시 지하수 수질검사 의무 여부

Q. 질문

농가에서 배추를 수확하여 개인이 사용하는 지하수로 배추를 소금에 절여 절임배추를 판매하려고 할 때, 지하수 수질검사를 하여야 하나요?

A. 답변

질의하신 제품[절임배추]이 배추를 식염으로 절여 소비자로 하여금 씻어서 김치 제조의 원료로 사용된다면, "농산물"에 해당되며, 보쌈과 같이 소비자가 곧바로 섭취할 수 있도록 제조한 것이라면, 현행 「식품의 기준 및 규격」 상 제5. 25.절임식품 중 "절임류"에 해당됩니다.

이와 관련하여, 질의하신 제품이 '농산물'에 해당하는 경우라면, 「식품위생법」 시행령 제26조의2 제2항제6호에 따라 영업등록 대상이 아닐 것으로 판단되나, '절임류' 등 가공식품을 제조·가공하는 경우에는 「식품위생법」 시행규칙 제43조의2에 따른 '식품제조·가공업' 등록을 하여야 합니다.

식품제조·가공업자는 「식품위생법」 시행규칙 제55조 관련 [별표 16] 제9호에 따라 수돗물이 아닌 지하수 등을 먹는 물 또는 식품의 제조·가공 등에 사용하는 경우에는 「먹는물관리법」 제43조에 따른 먹는 물 수질검사기관에서 1년(음료류 등 마시는 용도의 식품인 경우에는 6개월)마다 「먹는물관리법」 제5조에 따른 먹는 물의 수질기준에 따라 검사를 받아 마시기에 적합하다고 인정된 물을 사용하도록 규정하고 있습니다.

참고로, 현행 「식품의 기준 및 규격」 제2. 3.제조·가공기준 중 2)에 "식품용수는 「먹는물관리법」의 먹는물 수질기준에 적합한 것이어야 한다. 다만, 「해양심층수의 개발 및 관리에 관한 법률」에 적합한 원수는 두부류, 김치류 및 절임류의 제조에 사용할 수 있고, 농축수는 두부류, 소스류, 장류, 김치류 및 절임류의 제조에 사용할 수 있으며, 미네랄탈염수는 장류, 주류의 제조에 사용할 수 있다."라고 규정하고 있습니다.

표시사항이 기재된 포장지를 제거하여 보관한 경우 행정처분 대상 여부

Q. 질문

판매식품의 제조 원료로 사용하기 위해 「식품위생법」에 따른 표시가 있는 원료를 구입하여 표시가 있는 박스나 비닐봉지를 제거하여 버리고 영업에 사용 또는 보관하였을 경우 무표시 식품을 판매목적으로 영업에 사용한 것으로 보아 「식품위생법」 위반으로 처벌할 수 있나요?

A. 답변

「식품위생법」 시행규칙 제89조 관련 [별표 23] 행정처분 기준, Ⅱ.개별기준 1. 식품제조·가공업 등 7호 가.1)에서는 '표시대상 식품에 표시사항 전부를 표시하지 아니하거나 표시하지 아니한 식품을 영업에 사용한 경우' 표시기준 위반으로 행정처분을 하도록 규정하고 있습니다.

이와 관련하여 현장 점검 당시 현품에 표시사항이 없는 경우 단속대상이 될 수 있을 것으로 판단되나, 현장 단속원이 현장 조사를 통해 원래 표시사항이 있었는지의 진위 여부를 확인하여 행정처분 여부를 판단할 사항입니다.

가공 후 남은 가공물을 혼합하여 제조·가공 가능 여부

Q 질문

소스류 등을 배합하고 포장 단위별로 포장하게 되면 잔량이 남게 되는데 1월 1일 A라는 제품을 생산 후 남은 가공물 1kg과 1월 20일 같은 A제품 생산 시 남은 가공물 1kg을 섞어 제품을 생산해도 되나요?

A 답변

「식품위생법」 제3조에서는 "누구든지 판매를 목적으로 식품 또는 식품첨가물을 채취·제조·가공·사용·조리·저장·소분·운반 또는 진열을 할 때는 깨끗하고 위생적으로 하여야 한다"고 규정하고 있음에 따라 식품제조·가공업자는 제품의 제조·가공에 대해 품질 및 유통기한 문제 등 식품위생 및 안전성 등을 고려하여야 하므로 제조일자가 다른 원료를 배합하는 것은 적절치 않습니다.

고추씨 판매 시 품목제조보고 대상 여부

Q. 질문

고추씨가 판매 가능 하다면 품목제조보고서를 내고 판매하여야 하나요?

A. 답변

고추씨 100%는 현행 「식품공전」 제 2, 식품일반에 대한 공통기준 및 규격, 2. 식품원료 기준에 맞게 식용에 적합하도록 위생적으로 취급 및 관리된 것이라면 '농산물'로 판매가 가능하며, 이 경우 별도의 품목제조보고는 필요하지 않습니다.

참고로, 고춧가루 제조에는 원료 고추에서 생성된 것에 한하여 사용이 가능하고 별도로 고추씨를 첨가하여 고춧가루를 제조할 수 없습니다.

품목제조보고한 사항 외의 원재료를 사용할 경우 위반사항 여부

Q 질문

품목제조보고 시에는 옥수수를 사용하기로 하였지만 실제 제조 시 단가 부분이나 혹은 다른 어떠한 이유에서 옥수수엑기스를 사용하는 경우 처벌대상이 될 수 있나요?

A 답변

「식품위생법」 제37조제5항 및 같은 법 시행규칙 제45조에 따라 식품을 제조·가공하려는 자가 식품을 제조·가공하는 경우 영업의 등록관청에 사용한 원재료명 또는 성분명 및 배합비율, 제조방법 등에 대하여 품목제조보고를 하여야 하며, 보고한 사항 중 제품명, 원재료명 또는 성분명 및 배합비율, 유통기한을 변경하려는 경우에는 같은 법 시행규칙 제46조에 따라 품목제조보고사항 변경보고를 하여야 합니다.

또한, 식품제조·가공업자는 제조 시 관할 관청에 보고한 품목제조보고서에 따라 생산하여야 하며, 품목제조보고를 하지 아니하거나 이를 허위로 보고한 자 또는 중요한 사항에 대한 변경보고를 하지 아니한 경우에는 같은 법 시행령 제67조 관련 [별표2]에 따라 과태료를 부과하고 있습니다.

이와 관련하여 식품제조·가공업체에서 품목제조보고된 원료 이외의 다른 원료(향료 또는 색소 포함)를 사용하고자 할 경우에는 변경보고를 하여야 하며, 옥수수와 옥수수엑기스는 서로 다른 원료이므로 품목제조 변경보고를 하여야 합니다.

식품제조·가공업 등록 시 구비서류

Q. 질문

제사음식을 제조하는 식품제조·가공업소에서 영업등록을 위한 구비서류는 무엇인가요?

A. 답변

「식품위생법」 제36조 및 같은 법 시행규칙 제36조 [별표 14]에 따라 식품을 제조·가공하려는 자는 식품제조·가공업 시설기준을 갖추고, 「식품위생법」 제37조제5항 및 같은 법 시행규칙 제43조의2에 따라 별지 제41호의2서식의 영업등록신청서, 교육이수증, 제조·가공하려는 식품 또는 식품첨가물의 종류 및 제조방법 설명서, 먹는물 수질검사기관이 발행한 수질검사(시험)성적서(수돗물이 아닌 지하수 등을 먹는 물 또는 식품등의 제조과정 등에 사용하는 경우), 건강진단결과서 서류 등을 첨부하여 등록관청에 제출하도록 규정하고 있습니다.

또한, 식품제조·가공업 영업자는 「식품위생법」에 따라 생산 및 작업기록에 관한 서류와 원료수불 관계서류를 작성하고 최종 기재일부터 3년간 보관하여야 하며, 해당 서류에는 식품제조·가공에 사용되는 모든 원부자재에 대한 입·출고내역(구입 및 사용내역 등 기재) 등이 기재되어야 합니다.

1. 식품제조 · 가공업

원료와 완제품 함께 보관 가능 여부

Q. 질문

음료류 제조공장에서 제품을 냉동시켜 냉동유통을 하게 된다면, 현재 원료 냉동 창고에서 라인으로 구획선만 표시하여 제품을 같이 보관을 해도 되나요?

A. 답변

「식품위생법」에 따른 식품제조·가공업자는 원료와 제품을 위생적으로 보관·관리할 수 있는 창고를 갖추어야 합니다. 따라서, 식품제조·가공업자가 원료와 제품을 한 창고에 같이 보관하는 것은 가능하나 이 경우 오인 혼동, 교차 오염 등의 위험이 없도록 철저히 구분(선·줄 등으로 구분) 관리하고, 위생상 위해가 발생하지 않도록 하여야 합니다.

위탁생산과 유통전문판매업의 차이

Q. 질문

위탁가공이나 임가공 시 품목제조보고 및 원료 제공은 어떻게 해야 하나요?
위탁가공 시 수입원료가 있다면, 이 제품을 수입 시 식약처에 자사제조용으로 신고해야 하나요?

A. 답변

「식품위생법」시행규칙 제36조(업종별 시설기준) 관련 [별표 14] 업종별 시설기준 중 자목의 시설기준 적용의 특례에 따라 식품제조·가공업자가 제조·가공시설 등이 부족한 경우에는 식품제조·가공업의 영업신고를 한 자에게 위탁하여 식품을 제조·가공할 수 있도록 규정하고 있음을 알려드리며, 이 경우 위탁자가 같은 법 시행규칙 제45조에 따른 품목제조보고를 실시하여야 합니다.

또한, 같은 법 시행령 제21조(영업의 종류)에 따른 "유통전문판매업"이라 함은 식품 또는 식품첨가물을 스스로 제조·가공하지 아니하고 식품제조·가공업자 또는 식품첨가물제조업자에게 의뢰하여 제조·가공한 식품 또는 식품첨가물을 자신의 상표로 유통·판매되는 영업을 말함에 따라 제조·가공 전부를 의뢰한 경우에는 유통전문판매업 영업신고를 하여야 하고, 식품의 제조·가공을 의뢰받은 식품제조·가공업자는 해당 식품에 대해서 품목제조보고를 하여야 합니다.

아울러, 같은 법 시행규칙 제12조제2항 및 제13조제1항제4호 관련 [별표 4] '식품등의 수입신고 및 검사방법'에 따라 "자사제품 제조용원료"라 함은 '1) 식품제조·가공업, 식품첨가물제조업 또는 용기·포장류제조업의 영업신고를 한 자가 자사의 제품을 생산하기 위하여 직접 또는 위탁하여 수입하는 식품등 또는 2) 식품을 직접 제조·가공하지 아니하고 다른 사람에게 의뢰하여 제조·가공된 식품을 자신의 상표로 유통·판매하는 영업을 하는 자가 자신이 제조·가공을 의뢰한 제품의 원료'로 규정하고 있습니다.

따라서, 상기와 같이 제조·가공하는 경우, 위탁자(식품제조가공업체)가 자사제품 제조용원료로 수입신고할 수 있으며, 수탁자에게 해당 수입 원료를 제공하여 위탁생산이 가능합니다.

1. 식품제조 · 가공업

품목제조보고 기간 및 보고기간 초과 시 행정처분 여부

Q 질문

그 동안 농산물(단순가공)로서 생산을 하던 품목이 있었는데 신선편의식품으로 변경해야 되는 상황이 생기게 되었습니다. 품목제조보고를 통한 식품 유형으로 등록을 해야 하는데 의무기간이나 유예기간이 따로 있나요? 등록 기간을 맞추지 못하여 발생되는 벌금 등 행정처분이 있나요?

A 답변

「식품위생법」 제37조(영업허가 등) 및 같은 법 시행규칙 제45조(품목제조의 보고 등)에 따라 식품제조·가공업자는 식품을 제조·가공하려는 경우 제품생산의 개시 전이나 제품생산의 개시 후 7일 이내에 별지 제43호서식의 품목제조보고서를 작성하고, 제조방법설명서, 유통기한설정사유서 등을 첨부하여 관할 관청에 제출(보고)하여야 함을 알려드리며, 이를 위반하여 보고하지 아니하거나 허위보고한 경우 과태료 처분을 받을 수 있습니다.

품목제조보고서 작성 방법

Q. 질문

품목제조보고서에는 투입된 모든 품목에 대한 정보를 기재하여야 하는지, 특정 식품유형만 품목제조보고를 하는 것인지 궁금합니다. 아울러, 제철에 따라 원재료가 달라지는 경우에는 품목제조보고 변경을 하여야 하나요?

A. 답변

「식품위생법」제37조제5항 및 같은 법 시행규칙 제45조에 따라 식품을 제조·가공하려는 자가 식품을 제조·가공하는 경우 영업의 등록관청에 사용한 원재료명 또는 성분명 및 배합비율, 제조방법 등에 대하여 품목제조보고 하여야 합니다.

또한, 품목제조보고 시 '원재료명 또는 성분명 및 배합비율'에는 해당 식품(완제품)을 제조·가공하는 데 사용하는 실제 원재료를 모두 기재하여야 하며, 이 경우 원재료로 사용되는 완제품이 단일원료가 아닌 여러 원료로 제조된 것이라면 그 완제품을 구성하는 모든 원료명을 기재하여야 함을 알려드립니다. 아울러 배합비율 표시는 식품공전 및 식품첨가물 공전에 사용기준이 정하여져 있는 원재료 또는 성분의 경우만 해당된다고 되어 있음에 따라 이 경우에 해당되는 경우만 표시하면 될 것입니다.

아울러, 원재료가 철마다 변경되는 경우에는 별도의 품목제조변경 보고를 하여야 합니다.

연구개발용 제품 제조 시 품목제조보고 대상 여부

Q 질문

식품제조·가공업소에서 거래처와의 영업 중 발생하는 개발용 샘플을 공장에서 작업하였을 경우 품목제조보고를 해야 하나요?

A 답변

식품을 제조·가공하여 유통·판매하고자 하는 경우에는 「식품위생법」에서 규정하고 있는 시설기준을 갖추어 식품제조·가공업의 영업 등록을 하고, 품목제조보고 및 자가품질검사 등을 하도록 하고 있습니다.

이와 관련하여 식품제조·가공업소에서 유통을 목적으로 하지 않은 연구개발용 제품에 대해서는 품목제조보고 대상에 해당하지 않음을 알려드리며, 다만, 식품의 위생적인 취급 및 안전성 등을 고려할 때 불특정 다수인에게 제공 등 유통의 목적으로 사용하여서는 아니 됩니다.

원산지 변경 시 품목제조변경보고 대상 여부

Q. 질문

수입되는 원료의 원산지가 변경되는 경우 또는 특정 원재료가 철마다 원산지가 변경되는 경우 품목제조 변경보고를 하여야 하나요?

A. 답변

「식품위생법」 제37조제5항 및 같은 법 시행규칙 제45조에 따라 식품을 제조·가공하려는 자는 영업의 등록관청에 사용한 원재료명 또는 성분명 및 배합비율, 제조방법 등에 대하여 품목제조보고를 하여야 하며, 보고한 사항 중 제품명, 원재료명 또는 성분명 및 배합비율, 유통기한을 변경하려는 경우에는 같은 법 시행규칙 제46조에 따라 품목제조보고 변경 보고를 하나, 원재료의 원산지는 품목제조보고 변경 보고 대상에 해당되지 않습니다.

식품유형 및 품목제조보고 대상 여부

Q. 질문

가공방법이 〈고구마 탈피 – 세척 – 1.5cm 4각썰기 – 브랜칭 – 급속냉동 – 포장〉 단계를 거치는 경우, 식품유형 및 품목제조보고 대상에 해당하는지요?

A. 답변

질의하신 제품은 고구마를 원료로 하여 탈피 → 세척 → 절단(1.5 cm, 4각 썰기) → 블랜칭 → 급속냉동 → 포장 등의 공정을 거쳐 식품 제조 원료용으로 사용하는 제품으로, 현행 「식품공전」 제4. 1. 3) '서류가공품'에 해당하며, 동시에 제3. 장기보존식품의 기준 및 규격, 3. 냉동식품의 기준 및 규격을 함께 적용받습니다. 따라서, 서류가공품을 제조·가공하는 경우 품목제조보고를 하여야 합니다.

품목제조보고서 작성방법
(식품유형과 살균제품병행표기)

Q. 질문

소스류(92℃까지 가열하는 살균제품) 제조 시 품목제조보고서의 식품의 유형 란에 "소스류"만 기재하면 되는지 "소스류(살균제품)"까지 기재해야 하나요? 참고로, 표시기준에는 살균하는 제품에는 "살균제품" 문구를 넣으라는 규정이 있습니다.

A. 답변

「식품위생법」 시행규칙 제45조에 따라 품목제조보고를 하려는 경우 품목제조보고서[별지 제43호서식]에 식품유형 등을 기재하고 제조방법설명서(살균 공정 포함)를 첨부하여 품목제조보고를 하도록 규정하고 있으므로 식품유형 옆에 '살균제품'을 반드시 기재할 필요는 없을 것으로 판단됩니다.

다만, 「식품등의 표시기준」 『별지 1』 식품등의 세부표시기준 3. 식품별 개별표시기준에 따르면 소스류는 살균 또는 멸균공정을 거친 경우 "살균제품" 또는 "멸균제품"으로 구분·표시하도록 규정하고 있으므로 표시사항에는 '살균제품'으로 표시를 하여야 합니다.

품목제조 변경보고 사항 이외의 경우 변경보고 대상 여부

Q. 질문

「식품위생법」에서 정한 품목제조보고 변경신고 사항 외의 기타 신고사항을 변경할 경우 가능한가요?

A. 답변

「식품위생법」 시행규칙 제46조에 따라 품목제조보고사항 중 제품명을 변경하거나, 원재료명 또는 성분명 및 함량을 변경할 경우 [별지 제45호 서식]의 품목제조보고사항 변경보고서를 작성하고 품목제조보고서 사본을 첨부하여 신고관청에 제출하여야 합니다.

포장단위, 포장재질 등의 기타사항은 변경 보고대상이 아니므로 반드시 변경 보고할 필요는 없으나, 영업 신고 관청에 그 사실을 알린 후 생산하는 것이 식품안전관리를 위해 바람직할 것입니다.

품목제조보고 시 배합비율 표시 여부

Q. 질문

품목제조보고 시 영업자 노하우 유출 방지를 위해 배합비율을 표시하지 않는 것이 가능한가요?

A. 답변

품목제조보고서(별지 제43호) 서식 하단의 "유의사항"에는 '배합비율 표시는 식품공전 및 식품첨가물공전에 사용기준이 정하여져 있는 원재료 또는 성분의 경우만 해당합니다.' 라고 명시되어 있으므로 동 내용에 해당되는 경우를 제외하고는 배합비율 표시를 하지 아니하여도 됩니다.

원재료의 품종이 다양할 때 품목제조보고

Q. 질문

고추장아찌 고추의 품종이 여러 종류일 경우 품종별로 품목제조보고를 해야 하나요?

A. 답변

「식품위생법」 제37조제6항 및 같은 법 시행규칙 제45조에 따라 식품을 제조·가공하려는 자가 식품을 제조·가공하는 경우 영업의 등록관청에 사용한 원재료명 또는 성분명 및 배합비율, 제조방법 등에 대하여 품목제조보고를 하여야 하고, 품목제조보고 한 사항대로 식품을 제조·가공하여야 합니다.

따라서, 원재료의 품종(풋고추, 꽈리고추 등)이 상이한 경우는 별도의 제품으로 품목제조보고 하여야 합니다.

보관방법이 달라질 경우 품목제조보고

Q. 질문

제품의 원료 및 제조공정이 동일하고 보관방법도 냉동으로 동일하나 유통 상 냉동유통과 해동 후 실온유통으로 나눠집니다. 이럴 경우 품목제조보고를 유통방법 별로 품목제조보고를 하여야 하나요?

A. 답변

「식품공전」의 보존 및 유통기준에서 '냉동제품을 해동시켜 실온 또는 냉장제품으로 유통시켜서는 아니 되며, 실온 또는 냉장제품을 냉동시켜 냉동제품으로 유통시켜서는 아니된다. 또한, 제조업자가 냉동제품인 빵류, 떡류 및 젓갈류에 냉동포장 완료일자; 해동일자, 해동일로부터 유통조건에서의 유통기한(냉동제품으로서의 유통기한 이내)을 별도로 표시하여 해동시키는 경우는 제외하도록 규정하고 있습니다.

또한, 「식품, 식품첨가물 및 건강기능식품의 유통기한 설정기준」 Ⅱ. 1. 기본사항 나.에 따르면 포장재질, 보존조건, 제조방법, 원료배합비율 등 제품의 특성과 냉장 또는 냉동보존 등 기타 유통실정을 고려하여 위해방지와 품질을 보장할 수 있도록 유통기한 설정을 위한 실험을 통해 유통기한을 설정하도록 규정하고 있습니다.

따라서, 상기 규정에 따라 유통기한 등이 다른 경우 별도로 품목제조보고를 하여야 합니다.

1. 식품제조 · 가공업

원재료 중 복합원재료의 기재 방법

Q 질문

품목제조보고를 할 때, 제품 설명서를 작성하도록 되어있는데, 원재료 함량 및 세부 정보 작성 시 주원료로 복합원재료를 사용한다면, 상세 설명에 복합원재료 내 세부 원재료 상위 5가지만 적어주면 되는 건가요?

A 답변

품목제조보고서의 '원재료명 또는 성분명 및 배합비율'에는 해당 식품(완제품)을 제조·가공하는 데 사용하는 실제 원재료를 모두 기재하여야 하며, 이 경우 원재료로 사용되는 완제품이 단일원료가 아닌 여러 원료로 제조된 것이라면 그 완제품(복합원재료)을 구성하는 모든 원료명을 기재하여야 합니다.

따라서, 복합원재료로 구성된 주원료의 세부 원재료를 모두 표시하여야 합니다.

원재료, 배합비율 등이 동일한데 별도 품목제조보고 가능 여부

Q 질문

품목제조보고서 작성 시 원재료, 성분명 및 배합비율이 모두 동일한데 제품명만 다르게 품목제조보고 가능한가요?

A 답변

「식품위생법」 제37조제6항 및 같은 법 시행규칙 제45조제1항에 따라 품목제조보고를 할 경우 원재료명 및 함량, 제조방법, 성상 등이 동일한 제품의 경우 식품제조·가공업소에서 각각의 제품명을 다르게 하여 품목제조보고 할 수 없습니다.

다만, 유통전문판매영업자가 의뢰하여 제품을 생산(OEM생산)하는 경우에는 원재료명 및 함량, 제조방법(공정), 성상 등이 같은 경우에도 다른 제품명으로 품목제조보고가 가능합니다.

기 품목제조보고 된 제품을 수출하고자 할 경우

Q. 질문

국내에서 냉장유통으로 식품을 품목제조보고신고를 하여, 유통하고 있습니다. 기 품목제조보고 된 제품을 유통기한 및 유통방법(냉동)을 변경하여 수출하고자 할 때 별도 품목제조보고를 하여야 하나요?

A. 답변

「식품위생법」 제37조제6항에 따라 식품 또는 식품첨가물의 제조업·가공업의 허가를 받거나 신고 또는 등록을 한 자가 식품 또는 식품첨가물을 제조·가공하는 경우에는 총리령으로 정하는 바에 따라 식품의약품안전청장 또는 특별자치도지사·시장·군수·구청장에게 그 사실을 보고하도록 규정하고 있습니다.

따라서, 국내에서 기 유통·판매하고 있는 제품을 유통기한 및 유통방법을 달리하여 수출하고자하는 경우 수출용 제품에 대해서도 품목제조보고를 관할 관청에 보고하여야 합니다.

일부공정 위탁 시 품목제조보고 여부

Q. 질문

식품제조 시 당사의 제조공정 중 일부 공정이 시설 등의 미비로 불가하여 타 업체에 일부 공정만을 위탁생산 할 경우 수탁업체에서도 품목제조보고를 하여야 하나요?

A. 답변

「식품위생법」 시행규칙 제36조 관련 [별표 14]의 규정에 의해 식품제조·가공업자가 제조·가공시설 등이 부족한 경우에는 식품제조·가공업의 영업신고를 한 자에게 위탁하여 식품을 제조·가공할 수 있으며, 품목제조보고 및 표시 등의 의무는 위탁자에게 있습니다.

시설기준 적용특례에 따른 위탁생산 가능 여부

Q. 질문

당사는 수탁사로 위탁사에서 시설 등이 미비하여 특정제품의 일부가공공정을 위탁받았으나, 당사는 허가 설비는 가지고 있음에도 기술력 부족 등의 사유로 해당 위탁품목에 대해 직접 제조가 어려운 상황입니다. 이에, 기술력을 보유한 위탁 의뢰 업체 직원이 당사에서 생산장비를 직접 이용하여 생산하고 그 제조기록을 작성하여 관리할 경우 위탁제조가 가능한가요?

A. 답변

「식품위생법」 시행규칙 제36조 관련 [별표 14] 제1호 자목 2)에는 "식품제조·가공업자가 제조·가공시설 등이 부족한 경우에는 식품제조 가공업의 영업신고를 한 자에게 위탁하여 식품을 제조·가공할 수 있다."라고 규정하고 있으며, 「식품위생법」 시행규칙 제55조 관련 [별표 16] 제1호에서는 "생산 및 작업기록에 관한 서류와 원료의 입고·출고·사용에 대한 원료수불 관계서류를 작성하여야 하고, 최종 기재일부터 3년간 보관하여야 한다."라고 규정하고 있습니다.

이와 관련하여 각각 식품제조·가공업을 득한 경우 상기 규정에 따라 제조·가공시설 등이 부족한 경우에 대해 위탁 제조·가공할 수 있으며, 수탁된 제품의 생산 및 작업기록에 관한 서류 등에 대해 수탁자가 책임지고 관리를 철저히 하여야 합니다.

* "2014년도 식품안전관리지침. Ⅱ.안전한 식품의 제조·유통기반 조성. 3.식품 위탁 제조·가공업체 관리" 내용을 참조바람

냉동고 공동사용 시 위탁생산계약 가능 여부

Q 질문

당사는 냉동제품을 생산하는 곳입니다. 그러나 냉동고의 공간이 좁아 당사의 제1공장에서 생산한 제품을 냉장으로 제2공장으로 보낸 후 냉동을 하여 출하를 하고자 합니다. 제1공장과 제2공장 간의 위탁 생산관련 계약 수립이 가능한가요?

A 답변

「식품위생법」 시행규칙 제36조 관련 [별표 14] 업종별시설기준에 따라 식품제조·가공업자가 제조·가공시설 등이 부족한 경우에는 식품제조·가공업의 영업등록을 한 자에게 위탁하여 식품을 제조·가공할 수 있도록 규정하고 있으나, 냉동고 공동사용에 관한 사항은 동 규정에 따른 위탁계약 사항에 해당하지 않을 것으로 판단되며, 냉동식품의 경우 냉동시설을 갖추어 보존 및 유통기준 등을 준수하여 관리하여야 합니다.

식품제조·가공업 등록 시 사무실 여부

Q. 질문

식품제조·가공업소 등록 시 사무실에 대한 기준이 없는데, 사무실은 없어도 되는 것인가요?

A. 답변

「식품위생법」 시행규칙 제36조 관련 [별표 14] 식품제조·가공업 시설기준에서는 사무소에 대해 별도로 규정하고 있지 않으므로, 작업장 등이 「식품위생법」에 적합한 경우 영업신고가 가능할 것으로 판단됩니다. 다만, 사무 공간이 필요한 경우 식품위생 등에 저해되지 않는 장소에 사무소를 둘 수 있을 것입니다.

냉장/냉동 가설건축물 제품보관창고 용도 사용 문의

Q. 질문

냉동식품 제조업체에서 냉장/냉동 시설이 갖춰진 가설건축물을 보관창고용도로 사용하고자 하는데, 가설건축물은 식품보관창고(냉장/냉동)용도로 사용할 수 없는 건가요?

A. 답변

「식품위생법」 시행규칙 제43조의2에 따라 영업을 등록하려는 자는 영업에 필요한 시설을 갖춘 후 영업등록신청서 및 관련 서류를 제출하여야 하고, 서류를 제출 받은 인허가 기관은 타법 상 저촉하는 부분이 없는지 토지이용계획 및 건축물대장 등을 확인하여야 합니다.

다만, 「건축법」 등 타 법령에서 업종이나 용도를 제한하는 경우 해당 규정도 준수하여야하므로, 가설건축물이 「건축법」에 따라 적법하게 허가를 받고 「식품위생법」에서 규정하고 있는 시설기준을 준수하였다면 「식품위생법」 영업이 가능할 것으로 판단됩니다.

공산품과 식품을 세트로 구성하여 판매 가능 여부

Q. 질문

공산품인 비누방울 제품과 캔디류 식품을 한 제품으로 구성하여 판매가 가능한지요?

A. 답변

식품제조·가공업자의 경우 「식품위생법」 시행규칙 제55조 관련 [별표 16] 제5호 "식품제조·가공업자는 장난감 등을 식품과 함께 포장하여 판매하는 경우 장난감 등이 식품의 보관·섭취에 사용되는 경우를 제외하고는 식품과 구분하여 별도로 포장하여야 한다. 이 경우 장난감 등은 「품질경영 및 공산품안전관리법」 제14조제3항에 따른 제품검사의 안전기준에 적합한 것이어야 한다."고 규정하고 있으므로 이를 준수하여 포장·판매하여야 합니다.

세트 상품 품목제조보고(1)

Q. 질문

식품(기타가공품, 캔디류, 과채주스, 혼합음료 등) 선물 세트 구성 문의 건입니다.

제조사는 다르며 선물 세트 구성해서 판매하려고 할 때 별도의 영업신고나 품목제조보고를 진행해야 하나요?

A. 답변

식품제조·가공업소에서 제조·가공한 완제품(개별포장 된) 각각에 대해 단순히 조합하여 세트를 구성하는 경우에는 제조행위로 볼 수 없으므로 별도의 영업신고(등록) 대상이 아닙니다.

세트 상품 품목제조보고(2)

Q. 질문

완제품 형태로 판매되고 있는 잼 3종을 넣어 단순박스포장을 하여 명절 선물세트로 판매하고자 할 때, 품목제조보고해야 하는지와 표시방법은 무엇인가요?

A. 답변

식품제조·가공업소에서 제조·가공한 완제품 각각에 대해 단순히 조합하여 세트를 구성하는 경우에는 별도로 품목제조보고를 하실 필요는 없을 것으로 판단됩니다.

「식품등의 표시기준」에 따라 소비자에게 판매하는 제품의 최소 판매단위별 용기·포장에는 제4조에 따른 표시사항을 표시하여야 하므로, 식품제조·가공업에서 제조·가공되어 각각의 품목제조보고가 되어 있는 제품을 세트 형식으로 포장한 제품의 경우에는 개별 제품에 대한 각각의 한글 표시사항이 표시되어 있어야 하고, 이를 세트 포장한 겉면에도 세트포장 제품을 구성하고 있는 개별 제품에 대한 표시사항을 모두 표시하여야 합니다.

아울러, 동 고시에 따라 유통기한이나 품질유지기한이 서로 다른 각각의 여러 가지 제품을 함께 포장하였을 경우에는 그 중 가장 짧은 유통기한 또는 품질유지기한을 표시하여야 하며, 다만 유통기한 또는 품질유지기한이 표시된 개별제품을 함께 포장한 경우에는 가장 짧은 유통기한만을 표시할 수 있습니다.

출장뷔페 영업신고

Q. 질문

홀과 주방을 갖추어 일반음식점 영업을 하려고 합니다. 소비자의 요청에 의해 비상시적으로 조리가 완료된 음식을 출장뷔페 형태 등으로 차로 배달 후 간단히 데우는 정도로 하여 제공하는 것이 가능한가요? 불가하다면 위의 형태로 운영하려면 어떠한 영업신고가 필요한가요?

A. 답변

「식품위생법」 시행규칙 제36조 관련 [별표 14] 업종별 시설기준에 따르면 영업장은 독립된 건물이거나 식품접객업의 영업허가 또는 영업신고를 한 업종 외에 용도로 사용되는 시설과 분리되어야 합니다. 따라서, 일반음식점 영업은 신고한 해당 영업장 안에서만 영업이 이루어져야 하며, 배달의 경우에는 영업 구역 내에서 소비자의 요청에 의해 일시적인 서비스의 형태로만 가능합니다.

또한, 출장뷔페의 경우에는 단순배달서비스와는 다른 형태의 영업행위로서 식품제조·가공업 영업등록을 하여야 할 것으로 판단되며, 영업 등록 후 영업장 외의 장소에서 불특정 다수인에게 이동급식 및 섭취를 돕기 위한 가열행위는 가능합니다.

표시사항 누락 제품 사용 처분 적용

Q. 질문

식품제조·가공업소에서 제조·가공한 케이크 등 7종(무표시 제품)에 대해 직영으로 운영하는 제과점 4곳에 공급하고, 납품받은 제과점에서는 매직으로 제조일자만 수기로 표시하여 판매한 경우 제과점을「식품위생법」제10조 위반(표시사항 전부를 표시하지 아니한 것을 사용한 경우)으로 행정처분할 수 있나요?

A. 답변

「식품위생법」제10조에 따라 '식품등의 표시기준'이 정하여진 식품 등은 그 기준에 맞는 표시가 없으면 판매하거나 판매할 목적으로 수입·진열·운반하거나 영업에 사용하여서는 아니 되도록 규정하고 있습니다.

※ 식품제조·가공업소에게 제조한 식품은 제품명, 식품유형, 업소명 및 소재지, 유통기한, 원재료·성분명 및 함량, 영양표시 등 '식품등의 표시기준'에서 정하는 모든 정보를 표시하여 소비자에게 정확한 정보를 제공하여야 함

따라서, 식품제조·가공업자가 제조한 식품은 동 업소에서 용기·포장지에 잉크·각인 또는 소인 등을 사용하여 지워지지 아니하도록 표시하여야 하며, 이를 표시하지 않은 제품을 제과점 영업에 사용한 경우 '표시사항 전부를 표시하지 아니한 식품을 판매하거나 영업에 사용한 경우'에 해당되어 「식품위생법」 제10조 위반에 해당될 것입니다.

2. 즉석판매제조·가공업

즉석판매제조·가공업 영업신고 대상 여부(1)

Q. 질문

기타식품판매업소에서 수족관에 있는 랍스터를 미리 찜기에 쪄서 팩으로 포장하여 고객에게 판매하려고 합니다. 별도의 즉석판매제조·가공업 영업신고가 필요하나요?

A. 답변

「식품위생법」에 따른 즉석판매제조·가공업은 총리령으로 정하는 식품을 제조·가공업소에서 직접 최종소비자에게 판매하는 영업(식품제조·가공업 영업자가 제조·가공한 식품으로 즉석판매제조·가공업소 내에서 소비자가 원하는 만큼 덜어서 직접 최종 소비자에게 판매하는 것 포함)을 말합니다.

따라서, 찜기 등을 이용하여 직접 제조·가공한 제품을 팩으로 포장하여 진열·판매하는 형태라면 즉석판매제조·가공업 영업신고를 하여야 합니다.

즉석판매제조·가공업 영업신고 대상 여부(2)

Q. 질문

대형마트 및 백화점에서 한시적 영업 허가를 낸 행사장에서 허가기간동안 식품조리를 하여 판매하고 있습니다. 마트나 백화점행사장은 장소가 협소하고 열악하여 전처리 작업에 상당히 어려움이 있어 저희별도의 작업장(식품제조·가공업소)에서 전처리 작업만 하여 마트로 가져가 조리하려고 합니다. 이 때 식품제조·가공업을 등록을 하여야 하나요? 즉석판매제조·가공업 신고를 하여야 하나요?

A. 답변

「식품위생법」 시행령 제21조(영업의 종류)에 따르면 '식품제조·가공업'이란 '식품을 제조·가공하는 영업', '즉석판매제조·가공'이란 '총리령으로 정하는 식품을 제조·가공업소에서 직접 최종소비자에게 판매하는 영업'으로 규정하고 있습니다.

또한, 같은 법 시행규칙 제37조 관련 [별표 15]에서 즉석판매제조·가공 대상 식품은 '같은 법 시행령 제21조제1호에 따른 식품제조·가공업, 「축산물위생관리법」 시행령 제21조제3호에 따른 축산물가공업에서 제조·가공할 수 있는 식품에 해당하는 모든 식품(통·병조림 식품제외) 및 영 제21조제1호에 따른 식품제조·가공업 영업자가 제조·가공한 식품 또는 영 제21조제5호나목5)에 따른 식품등수입판매업 영업자가 수입·판매한 식품으로 즉석판매제조·가공업소 내에서 소비자가 원하는 만큼 덜어서 직접 최종소비자에게 판매하는 식품*'으로 규정하고 있습니다.

* 다만, 통·병조림 제품, 레토르트식품, 냉동식품, 어육제품, 특수용도식품(체중조절용 조제식품은 제외), 식초, 전분은 제외

이와 관련하여 별도 작업장에서 전처리 작업만 하고, 마트 내에서 조리하여 최종소비자에게 직접 판매하고자 하는 경우에는 '즉석판매제조·가공업' 영업신고를 하여야 합니다.

즉석판매제조·가공업 영업신고 대상 여부(3)

Q 질문

과일 유통업체에서 단순하게 과일을 깎아서 파는 경우, 가공 및 조리행위에 해당하나요?

A 답변

유통업체에서 소비자의 시간적, 물리적인 편의를 돕기 위한 서비스 차원에서 즉석에서 과일을 박피하고 일정크기로 세절하여 위생적으로 취급하여 제공하는 경우 영업신고 대상으로 보기 어려울 것으로 판단됩니다.

다만, 진열 판매를 목적으로 과일을 박피·절단·포장하여 소비자가 그대로 섭취할 수 있도록 가공한 것이라면 「식품공전」 제 5. 29-18. 즉석섭취·편의식품류 중 (3) '신선편의식품'에 해당되므로 '즉석판매제조·가공업' 영업신고 대상으로서 '신선편의식품'의 보존온도기준(5℃ 이하에서 보존)을 준수하여야 할 것으로 판단됩니다.

즉석판매제조 · 가공업 영업신고 대상 여부(4)

Q. 질문

약국에서 호박, 마늘 등의 식품을 중탕하여 그 추출액을 파우치 팩으로 포장하여 판매하려면 어떻게 영업 신고를 하면 되나요?

A. 답변

식품제조 · 가공업의 시설기준은 「식품위생법」 시행규칙 제36조 관련 [별표 14] 업종별 시설기준 제1호 나목 1)에 따라 '작업장은 독립된 건물이거나 식품제조 · 가공 외의 용도로 사용되는 시설과 분리(별도의 방을 분리함에 있어 벽이나 층 등으로 구분하는 경우를 말한다)되어야 한다'라고 규정하고 있으며,

즉석판매제조 · 가공업의 시설기준은 같은 법 시행규칙 [별표 14] 제2호가목1)에서는 "독립된 건물이거나 즉석판매제조 · 가공 외의 용도로 사용되는 시설과 분리 또는 구획(칸막이 · 커튼 등으로 구분되는 경우를 말한다)되어야 한다."라고 규정하고 있습니다.

따라서, 다른 업종과 함께 식품을 제조 · 가공하는 경우 식품위생상의 위해 발생 우려가 없도록 각각의 시설을 상기의 규정에 따라 운영하여야 합니다.

아울러, 제품을 제조 · 가공하여 직접 최종소비자에게 판매하고자 하는 경우 즉석판매제조 · 가공업 영업신고 대상에 해당되며, 유통을 하고자 하는 경우에는 식품제조 · 가공업 등록 대상에 해당될 것입니다.

즉석판매제조 · 가공업 국제택배 가능 여부

Q 질문

방앗간에서 빻은 고춧가루나 직접 짠 참기름을 종업원이 직접 배달하거나 택배, 퀵서비스 등을 이용하여 배달 가능한 것으로 알고 있는데, 즉석제조·가공업소의 제품을 해외에 있는 사람에게 국제택배 발송도 가능한가요?

A 답변

「식품위생법」 시행규칙 제57조 관련 [별표 17] 즉석판매제조·가공업자의 준수사항 제1호가목에 따라 즉석판매제조·가공업소 영업자나 그 종업원이 식품접객업소에 직접 배달하는 경우와 택배, 퀵서비스 등을 이용하여 배달 가능하도록 허용하고 있습니다.

다만, 이 경우에는 식품등의 표시기준에 따른 한글표시사항을 반드시 부착하여야 함을 알려 드리며, 국제 택배발송을 이용한 판매에 대하여는 수출식품에 대한 경우로서 해당 국가의 기준·규격 등 관리체계에 따라 판단하여야 할 사안입니다.

즉석판매제조 · 가공업으로 업종변경 가능 여부

Q. 질문

현재 반찬류를 직접 제조하여 단일유통망으로 온라인 쇼핑몰을 통해 택배를 이용하여 판매하고 있는 식품제조·가공업입니다. 즉석판매제조·가공업에서도 택배를 이용한 판매가 가능하다고 하다면, 저희와 같은 형태로 운영이 되고 있는 식품제조·가공업이 즉석판매제조·가공업으로 업태를 변경할 수 있나요?

A. 답변

「식품위생법」 시행규칙 제57조 [별표 17] 1. 즉석판매제조·가공업자 준수사항 가목에서는 제조·가공한 식품을 판매를 목적으로 하는 사람에게 판매하여서는 아니 되며, 영업자나 그 종업원이 최종소비자에게 직접 배달하는 경우, 우편 또는 택배 등의 방법으로 최종소비자에게 배달하는 경우를 제외하고는 영업장 외의 장소에서 판매하여서는 아니 되도록 규정하고 있습니다.

이와 관련하여 즉석판매제조·가공업은 불특정 다수인을 대상으로 유통하여서는 아니 되나 최종 소비자로부터 온라인쇼핑몰을 통해 직접 주문을 받아 해당 소비자에게 직접 배달하는 경우는 가능합니다.

즉석판매제조·가공업 영업범위 해당여부

Q. 질문

홈페이지나 블로그, 카페를 이용하여 주문자가 선택하여 판매하는 것도 즉석판매제조·가공업으로 가능한 것인지, 영업장에서 도시락 등을 만들어서 근처 공사장이나 단체급식을 하는 곳으로 바로 배달하는 것도 동 업의 영업범위에 들어가는 것인가요?

A. 답변

「식품위생법」 시행규칙 제57조 [별표 17] 1. 즉석판매제조·가공업자 준수사항 가목에서는 제조·가공한 식품을 판매를 목적으로 하는 사람에게 판매하여서는 아니 되며, 영업자나 그 종업원이 최종소비자에게 직접 배달하는 경우, 우편 또는 택배 등의 방법으로 최종소비자에게 배달하는 경우를 제외하고는 영업장 외의 장소에서 판매하여서는 아니 되도록 규정하고 있습니다.

이와 관련하여 일반적으로 도시락을 제조·가공하여 유통·판매하고자 하는 경우에는 '식품제조·가공업' 영업등록을 하여야 하며, 즉석판매제조·가공업은 불특정 다수인을 대상으로 유통하여서는 아니 되나 인터넷 상에서 최종 소비자로부터 직접 주문을 받아 해당 소비자에게 직접 배달하는 경우는 가능합니다.

식품제조·가공업과 즉석판매제조·가공업의 차이

Q. 질문

식당에서 도시락을 제조하여 배달·판매하고자 하는 경우 어떠한 허가를 받아야 하는지 궁금합니다. 식품제조·가공업으로 등록할 경우, 공장이 아닌 매장 내 별도의 구역을 구분지어 판매가 가능한가요?

A. 답변

「식품위생법」 시행령 제21조(영업의 종류)에 따르면 '식품제조·가공업'이란 '식품을 제조·가공하는 영업', '즉석판매제조·가공업'이란 '총리령으로 정하는 식품을 제조·가공업소에서 직접 최종소비자에게 판매하는 영업'으로 규정하고 있습니다.

이와 관련하여 일반적으로 도시락을 제조·가공하여 불특정 다수에게 유통·판매하고자 하는 경우에는 '식품제조·가공업' 등록을 하여야 하며, 택배 또는 배달 등의 방법으로 주문한 최종소비자에게 직접 판매하고자 하는 경우에는 '즉석판매제조·가공업' 신고를 하여야 합니다.

아울러, 같은 법 시행규칙 제36조 1.식품제조·가공업의 시설기준에서 '작업장'은 "독립된 건물이거나 식품제조·가공 외의 용도로 사용되는 시설과 분리(별도의 방을 분리함에 있어 벽이나 층 등으로 구분하는 경우를 말한다. 이해 같다)되어야 한다."고 규정하고 있으며, 동 시행규칙 8. 식품접객업의 시설기준 가. 공통시설기준에서 '영업장'은 "독립된 건물이거나 식품접객업의 영업허가 또는 영업신고를 한 업종 외의 용도로 사용되는 시설과 분리되어야 한다."고 규정하고 있으며, 동 영업자는 같은 법 시행규칙 제36조(시설기준), 제55조(식품 및 식품첨가물 제조·가공업자 및 종업원의 준수사항) 및 제57조(식품접객영업자 등의 준수사항)를 준수하여야 합니다.

즉석판매제조·가공업 온라인 판매 가능여부

Q. 질문

「식품위생법」 시행규칙 제57조의 즉석판매제조·가공업자의 준수사항에서 '식품의약품안전처장이 정하여 고시하는 기준에 따라 우편 또는 택배 등의 방법으로 최종소비자에게 배달하는 경우'에서 '식품의약품안전처장이 정하여 고시하는 기준'이란 무엇을 의미하나요? 아울러, 즉석판매제조·가공업소에서 제조한 식품을 최종소비자에게 직접 배달 또는 택배 배달할 때, 전화나 인터넷(온라인 쇼핑몰)을 통해 주문받아 배달하는 것이 가능합니까?

A. 답변

'식품의약품안전처장이 정하여 고시하는 기준'이라 함은 「식품의 기준 및 규격」, 「식품등의 표시기준」 등 즉석판매제조가공업의 장거리 배달이 허용되면서 준수하여야 하는 기준이 고시된 규정을 말합니다.

또한, 즉석판매제조·가공업의 경우 기존에는 제조·가공한 식품을 영업장 내에서 최종소비자에게 판매하거나 영업자 또는 종업원이 직접 배달하는 것만 허용하던 즉석판매제조·가공업의 판매 방법을 택배, 퀵서비스 등을 이용하여 최종소비자에게 배달 가능하도록 허용하는 내용의 「식품위생법」 시행규칙 일부개정이 '14. 10. 13.자로 시행되었으며, 인터넷을 통해 주문을 받는 것도 가능합니다.

3. 식품소분·판매업 및 식품보존업

(1) 식품소분업   53
(2) 식용얼음판매업   60
(3) 식품자동판매기영업   61
(4) 유통전문판매업   64
(5) 집단급식소 식품판매업   66
(6) 식품등수입판매업   72
(7) 기타식품판매업   77

(1) 식품소분업

식품소분업 신고 대상 여부
(휴게음식점에서 소스를 덜어서 판매)

Q. 질문

식품접객업(휴게음식점) 영업신고를 하고, 치킨을 판매하는데 매장에서 고객 요청에 의해서(치킨을 찍어먹는 용도로) 양념소스를 간이 플라스틱 용기에 소분해서 판매를 한다면, 식품소분업 영업신고를 별도로 진행해야 하는지요? 이익창출을 위한 판매가 아니라 고객 서비스를 위해 무상으로 제공하는 경우에도 동일하게 식품소분업 영업신고가 필요한지요?

A. 답변

'식품소분업'은 「식품위생법」 시행령 제21조(영업의 종류)에 따르면 '식품 또는 식품첨가물(수입되는 식품 또는 식품첨가물 포함)의 완제품을 나누어 유통할 목적으로 재포장·판매하는 영업'으로 규정하고 있으나, 귀하의 경우와 같이 식품접객업(휴게음식점)에서 치킨을 판매하면서 서비스 차원으로 가공식품인 소스를 덜어서 고객에게 함께 제공하는 것은 별도의 영업신고등이 없어도 가능합니다.

식품소분업 신고 대상 여부
(견과류 혼합)

Q. 질문

견과류, 견과류가공품, 과실튀김류 등을 혼합하여 믹스너츠형태로 소분하여 판매 하려 합니다. 수입업체와 생산업체 원물 그대로를 첨가하거나 가공하지 아니하고 단순히 원물을 섞어서 판매하려고 하는데 소분업신고 대상인가요?

A. 답변

제품의 특성을 파악할 수 있는 자료(원재료 배합비율 100%)가 제시되지 않아 정확한 유형판단이 어려우나, 견과류(아몬드, 피스타치오, 피칸, 해바라기씨)를 다른 식품(견과류가공품, 당절임류)과 혼합하였다면 현행 「식품공전」 제 5. 29. 4). (2) 땅콩 또는 견과류가공품에 해당되므로, 「식품위생법」 제37조에 따라 '식품제조·가공업'을 등록을 하여야 합니다.

식품소분업 신고 대상 여부
(식용유지 소분·판매)

Q. 질문

식용유지(대두정제유)를 소분해서 판매할 수 있도록 법이 개정되었다고 하는데 맞나요?

A. 답변

「식품위생법」 시행규칙 제38조(식품소분업의 신고대상) 제1항에 따라 "영 제21조제5호 가목에서 '총리령으로 정하는 식품 또는 식품첨가물'이란 영 제21조제1호 및 제3호에 따른 영업의 대상이 되는 식품 또는 식품첨가물(수입되는 식품 또는 식품첨가물을 포함한다)과 벌꿀[영업자가 자가채취하여 직접 소분(小分)·포장하는 경우를 제외한다]을 말한다. 다만, 어육제품, 특수용도식품(체중조절용 조제식품은 제외한다), 통·병조림 제품, 레토르트식품, 전분, 장류 및 식초는 소분·판매하여서는 아니 된다."라고 규정하고 있으므로, '식용유지'는 소분·판매 대상 식품에 해당합니다.

* 「식품위생법」 시행규칙 제38조(식품소분업의 신고대상)은 2014.10.13일 개정·시행

소분행위 해당 여부

Q. 질문

코코넛오일을 40℃정도로 가열하고, 이물질 등을 걸러내기 위해 여과를 거쳐 유리병에 소분합니다. 이와 같은 공정을 거칠 때 제품의 성상이나 성분, 맛, 향, 영양성분 등이 변하지 않는다면 단순 소분행위로 볼 수 있나요?

A. 답변

「식품위생법」 시행규칙 제38조(식품소분업의 신고대상) 제1항에 따라 "영 제21조제5호 가목에서 '총리령으로 정하는 식품 또는 식품첨가물'이란 영 제21조제1호 및 제3호에 따른 영업의 대상이 되는 식품 또는 식품첨가물(수입되는 식품 또는 식품첨가물을 포함한다)과 벌꿀[영업자가 자가채취하여 직접 소분(小分)·포장하는 경우를 제외한다]을 말한다. 다만, 어육제품, 특수용도식품(체중조절용 조제식품은 제외한다), 통·병조림제품, 레토르트식품, 전분, 장류 및 식초는 소분·판매하여서는 아니 된다."고 규정하고 있습니다.

이와 관련하여, '식용유지'는 소분·판매 대상 식품에 해당 하나, '가열' 또는 '여과' 공정을 거치고자 하는 경우에는 제조·가공행위로 보아 '식품제조·가공업'을 득하는 것이 적절할 것으로 판단됩니다.

수입제품 소분 여부

Q. 질문

수입 과자를 별도 첨가물을 사용하지 않고 소분 작업만 하여 판매하여도 되나요?

A. 답변

수입한 완제품을 별도의 제조·가공 과정 없이 그대로 나누어 유통할 목적으로 재포장하여 판매하고자 하는 자는 「식품위생법」 시행령 제21조에 따른 '식품소분업' 영업 신고 후 재포장·판매를 하여야 하며, 소분한 식품의 원래표시사항을 변경하여서는 아니 됩니다.

식초가 재료인 음료베이스 소분 여부

Q. 질문

식초가 주 베이스로 사용된 음료베이스가 식품공전 상 식품의 유형이 음료베이스이면 식초 제품이여도 소분 및 판매가 가능한가요?

A. 답변

'식품소분업'은 '총리령으로 정하는 식품 또는 식품첨가물의 완제품을 나누어 유통할 목적으로 재포장·판매하는 영업'을 말합니다.

상기의 규정에서 총리령으로 정하는 식품 또는 식품첨가물은 식품제조·가공업 및 식품첨가물제조업 영업의 대상이 되는 식품 또는 식품첨가물(수입되는 식품 또는 식품첨가물을 포함)과 벌꿀(영업자가 자가채취하여 직접 소분·포장하는 경우를 제외)입니다. 다만, 어육제품, 특수용도식품(체중조절용 조제식품은 제외한다), 통·병조림제품, 레토르트식품, 전분, 장류 및 식초는 소분·판매하여서는 아니 되도록 규정하고 있습니다.

따라서, 음료베이스는 음료류(기타음료) 식품유형에 해당되어 소분이 가능합니다.

3. 식품소분·판매업 및 식품보존업

소분판매 제품 이물혼입 시 법적책임 여부

Q. 질문

식품을 벌크(10kg)포장으로 공급받아, 소분(100g, 200g)하여 판매하고자 하는데, 포장지에 제조원 및 소분판매원을 표시하여 판매 후, 제품의 부패 또는 이물질 혼입 등의 사유로 문제가 발생시, 제조사와 소분업체 중 누구에게 있나요?

A. 답변

「식품위생법」시행령 제21조(영업의 종류) '식품소분업'이란 '총리령으로 정하는 식품 또는 식품첨가물의 완제품을 나누어 유통할 목적으로 재포장·판매하는 영업'으로 규정하고 있으며, 같은 법 시행규칙 제38조에서 식품소분업의 신고대상은 '총리령으로 정하는 식품 또는 식품첨가물'이란 영 제21조제1호 및 제3호에 따른 영업의 대상이 되는 식품 또는 식품첨가물(수입되는 식품 또는 식품첨가물을 포함한다)과 벌꿀[영업자가 자가채취하여 직접 소분(小分)·포장하는 경우를 제외한다]을 말한다. 다만, 어육제품, 특수용도식품(체중조절용 조제식품은 제외한다), 통·병조림 제품, 레토르트식품, 전분, 장류 및 식초는 소분·판매하여서는 아니 된다.'고 규정하고 있습니다.

식품소분업자는 소분실을 별도로 갖추어 완제품을 뜯어 재포장하는 영업이므로 소분 후 제품의 부패 또는 이물질 혼입 등의 문제가 발생하였다면 최종 소분 제품을 판매한 소분업자의 책임이 있을 것으로 판단됩니다.

(2) 식용얼음판매업

식용얼음판매업 영업신고 대상 여부

Q. 질문

식용얼음과 어업용얼음을 얼음공장에서 구매하여 불특정 사람들에게 소매가로 판매하고 있습니다. 이러한 행위가 「식품위생법」의 무신고 영업행위에 해당 되나요?

A. 답변

「식품위생법」 시행령 제21조에 따른 '식용얼음판매업'은 '식용얼음을 전문적으로 판매하는 영업'으로 규정하고 있습니다.

따라서, 식용얼음이 아닌 어패류 등의 저장 및 보존을 위해 사용하는 '어업용얼음'을 단순 판매하는 경우라면 「식품위생법」 상의 영업신고 대상이 아닙니다.

(3) 식품자동판매기영업

식품자동판매기영업 영업신고 대상 여부 (유제품 등)

Q. 질문

식품자동판매기 제품이 1개월 미만인 유제품(우유, 유산균음료)만 판매될 경우와 1개월 이상인 완제품(과자류 등)이 혼합 판매될 경우 영업신고 대상인가요?

A. 답변

「식품위생법」 시행령 제21조제5호나목 2)세목에 따른 '식품자동판매기영업'이란 '식품을 자동판매기에 넣어 판매하는 영업(다만, 유통기간이 1개월 이상인 완제품만을 자동판매기에 넣어 판매하는 경우는 제외)'으로 규정하고 있습니다.

이와 관련하여 유통기한이 1개월 이상인 완제품(과자류 등)의 경우에는 상기 규정에 따른 영업신고 대상이 아님을 알려 드리며, 유제품 등 축산물가공품 판매와 관련된 사항은 「식품위생법」에서 규정하고 있지 않으므로, 「축산물위생관리법」 등 타법 저촉 여부를 확인하여야 합니다.

식품자동판매기영업 영업신고 대상 여부
(PC방의 탄산음료 기계)

Q. 질문

코카콜라 기계를 PC방에서 사용할 예정인데 사용 시 자판기영업 허가를 받아야 한다고 합니다. 원액과 탄산이 기계 내부에서 만들어져서 버튼만 누르면 알아서 나오기 때문인 것 같은데 식품자동자판기영업에 해당되나요?

A. 답변

「식품위생법」 시행령 제21조제5호나목 2)세목에 따른 '식품자동판매기영업'이란 '식품을 자동판매기에 넣어 판매하는 영업(다만, 유통기간이 1개월 이상인 완제품만을 자동판매기에 넣어 판매하는 경우는 제외)'으로 규정하고 있으므로, 제시하신 내용을 볼 때 '식품자동판매기영업' 신고를 하여야 합니다.

식품자동판매기영업의 온도계 부착

Q. 질문

편의점 원두커피머신 운영 시 머신에 "온도계가 부착되어야한다"고 명시되어 있으나, 원두커피 머신에 별도의 버튼을 조작하여 온도표시가 되는 기기의 경우 "온도계가 부착된 것"으로 판단할 수 있나요?

A. 답변

「식품위생법」 시행규칙 제36조 관련 [별표 14] 업종별 시설기준 중 '식품자동판매기영업'의 시설기준에서는 "더운 물을 필요로 하는 제품의 경우에는 제품의 음용온도는 68℃ 이상이 되도록 하여야 하고, 자판기 내부에는 살균등(더운 물을 필요로 하는 경우를 제외한다)·정수기 및 온도계가 부착되어야 한다. 다만, 물을 사용하지 않는 경우는 제외한다"고 규정하고 있으므로, 자동판매기에 온도계가 부착되어 버튼으로 온도를 확인할 수 있는 경우라면 가능합니다.

(4) 유통전문판매업

유통전문판매업 영업신고 대상 여부

Q. 질문

당사는 A사와의 계약에 의해 위탁 생산을 하고 있습니다. 이 때, A사의 대리점의 경우 유통의 목적이 아닌 소비자(소비처)에게 완제품의 형태로 직접 단순판매가 이루어집니다. 이 경우 당사와 대리점의 유통전문판매업 영업신고가 필요한가요?

A. 답변

「식품위생법」 시행령 제21조에 따라 "유통전문판매업"은 '식품 또는 식품첨가물을 스스로 제조·가공하지 아니하고 식품제조·가공업자 또는 식품첨가물제조업자에게 의뢰하여 제조·가공한 식품 또는 식품첨가물을 자신의 상표로 유통·판매되는 영업'을 말합니다.

따라서, 제조·가공을 의뢰한 본사의 경우 유통전문판매업 영업신고를 하여야 하며, 이를 납품 받아 유통하는 대리점의 경우 별도 유통전문판매업 영업신고는 필요하지 않습니다.

유통전문판매업자 위생 점검

Q. 질문

「식품위생법」 시행규칙 [별표 17] 제2호 거목에 따라, '유통전문판매업자는 제조·가공을 위탁한 제조·가공업자에 대하여 반기 1회 이상 위생관리 상태를 점검하여야 한다'고 되어 있습니다. 이와 관련하여 유통전문판매업자가 전문적인 위생관리역량이 있는 외부 업체에 의뢰하여 반기 1회 이상 위탁 제조·가공업자에 대한 점검을 실시하는 것이 가능하나요?

A. 답변

「식품위생법」 시행규칙 제57조 관련 [별표 17] 식품접객업영업자 등의 준수사항 제2호 거목에 따라 유통전문판매업자는 제조·가공을 위탁한 제조·가공업자에 대하여 반기마다 1회 이상 위생관리 상태를 점검하여야 함을 규정하고 있음에 따라 유통전문판매업자가 위생관리 상태를 점검하여야 합니다.

(5) 집단급식소 식품판매업

집단급식소 식품판매업 영업신고

Q. 질문

집단급식소 식품판매업 영업신고 시 사무실 소재지와 작업장 소재지의 관할구가 다르다면 영업신고는 어디를 기준으로 해야 하나요?

A. 답변

「식품위생법」 제36조, 제37조 및 같은 법 시행규칙 제36조에 따라 집단급식소 식품판매업을 하고자 하는 영업자는 영업에 필요한 사무소와 작업장, 창고 등 보관시설, 운반차량을 갖추도록 하고 있습니다. 다만, 창고의 경우에는 영업신고를 한 소재지와 다른 곳에 설치하거나 임차하여 사용할 수 있도록 예외 규정을 두고 있습니다.

따라서, 영업신고는 사무소와 작업장이 같이 있는 장소를 기준(사무소와 작업장은 소재지를 달리할 수 없음)으로 하여야 하고 작업장이 필요 없는 식품만을 판매하는 경우에는 사무소를 기준으로 영업신고를 할 수 있습니다.

집단급식소 식품판매업 시설기준
(작업장)

Q. 질문

집단급식소 식품판매업 영업신고 시 작업장을 꼭 갖추어야 하나요?

A. 답변

「식품위생법」 제37조제4항 및 같은 법 시행규칙 제42조에 따라 집단급식소 식품판매업 영업신고를 하려는 자는 영업에 필요한 사무소, 작업장, 창고 등 보관시설, 운반차량의 시설을 갖춘 후 영업소 소재지 관할 관청(시·군·구)에 신고하여야 합니다.

집단급식소 식품판매업 시설기준에서 작업장이란 식품을 선별·분류, 단순 전처리 등을 하는 곳으로서 완포장 된 식품을 선별·분류 등의 작업 없이 원래의 상태 그대로 집단급식소에 판매하는 경우라면 작업장을 갖추지 않아도 됩니다.

집단급식소 식품판매업 대상 여부
(유제품 납품)

Q. 질문

집단급식소(학교, 어린이집, 기타 등)에 학교급식으로 우유를 납품 해 주는 업체는 집단급식소 식품판매업 영업신고를 해야 하나요?

A. 답변

집단급식소에 식품을 판매하고자 하는 경우 「식품위생법」 시행령 제21조제5호 나목 4)에 따른 '집단급식소 식품판매업'을 신고하여야 합니다.

다만, 「식품위생법」 또는 「축산물위생관리법」에 의한 식품(축산물) 제조·가공영업자, 식육포장처리업자가 자기가 생산한 식품에 한해 집단급식소와 직접 계약하여 판매하는 경우와 「식품위생법」 시행령에 따라 식품소분·판매업(식품소분업, 기타식품판매업, 식품등수입판매업, 유통전문판매업) 신고를 하거나, 「축산물위생관리법」 시행령에 따라 축산물판매업(식육판매업, 식육부산물판매업, 우유류판매업, 축산물수입판매업) 신고를 한 경우 집단급식소 식품판매업 신고를 하지 아니하고 집단급식소에 식품 판매가 가능합니다.

집단급식소 식품판매업자 운반차량

Q. 질문

집단급식소 식품판매업을 운영 시, 차량을 임대할 때 A라는 '식품운반업'을 득한 영업자와 계약을 체결하였으나, 실제 이용하는 차량은 A업자가 계약한 B업자의 차량을 이용하게 되었습니다. 이러한 임대 형태가 가능한가요?

A. 답변

「식품위생법」 시행규칙 제36조 관련 [별표 14] 업종별시설기준 제5호 나목 5)세목 집단급식소 식품판매업 중 라) 운반차량 규정은 "식품을 위생적으로 운반하기 위하여 냉동시설이나 냉장시설을 갖춘 적재고가 설치된 운반차량을 1대 이상 갖추어야 한다. 다만, 법 제37조에 따라 허가 또는 신고한 영업자와 계약을 체결하여 냉동 또는 냉장시설을 갖춘 운반차량을 이용하는 경우에는 운반차량을 갖추지 아니하여도 된다"라고 되어 있으므로 자가 소유 차량 또는 계약 등에 의하여 식품운반업 등 「식품위생법」 상의 영업을 가진 타인의 차를 이용하는 것이 가능합니다.

따라서, 집단급식소 식품판매업자는 식품운반업자와 직접 계약 등의 방법으로 운영하는 것이 바람직할 것입니다.

집단급식소 식품판매업 신고 대상 여부(1)

Q. 질문

현재 식품제조·가공업 및 식품소분업 영업등록(신고)가 되어 있는데, 집단급식소에 납품하고자 할 경우에는 집단급식소 식품판매업을 별도로 신고하여야 하나요?

A. 답변

「식품위생법」에 따라 집단급식소에 식품을 판매하려는 경우에는 '집단급식소 식품판매업' 영업신고를 하도록 규정하고 있습니다. 다만, 식품제조·가공업자가 자기가 생산한 완제품(표시완료)에 대해서는 별도의 영업신고 없이 집단급식소에 식품을 판매할 수 있습니다.

집단급식소 식품판매업 신고 대상 여부(2)

Q. 질문

집단급식소에 납품하는 상품을 집단급식소 식품판매업 영업신고를 보유한 업체에서 식재료를 공급받아 납품을 하는 경우에도 집단급식소 식품판매업 영업신고를 해야 하는지요?

A. 답변

「식품위생법」 시행령 제21조제5호 나목 4)에 따른 '집단급식소 식품판매업'이라 함은 '집단급식소에 식품을 판매하는 영업'으로 규정하고 있으므로, 집단급식소에 식품을 판매하려는 경우에는 '집단급식소 식품판매업' 영업신고를 하여야 합니다.

「식품위생법」에 따라 식품소분·판매업(식품소분업, 기타식품판매업, 식품등수입판매업, 유통전문판매업)신고를 하거나, 「축산물위생관리법」에 따라 축산물판매업(식육판매업, 식육부산물판매업, 우유류판매업, 축산물수입판매업) 신고를 한 경우 집단급식소 식품판매업 신고를 하지 아니하고 집단급식소에 식품 판매가 가능합니다.

(6) 식품등수입판매업

식품등수입판매업 영업장 면적 변경

Q. 질문

식품등수입판매업의 영업장 면적을 100제곱미터로 영업신고를 하였습니다.(물류 창고는 시 외곽에 별도로 있습니다.) 기존에 신고 된 면적 이외에 동일지번의 면적을 추가로 사용하고자 하는 경우 변경신고를 하여야 하나요?

A. 답변

'식품등수입판매업' 영업장의 면적이 변경되는 경우 「식품위생법」 제37조제4항 관련 같은 법 시행령 제26조에 따라 해당 영업장의 면적에 대한 변경신고를 하여야 합니다.

식품등수입판매업 시설기준
(사무실)

Q. 질문

식품등수입판매업을 하는데 영업신고증 상 소재에 사무실이 있어야 하는데, 본 업무를 하는데 있어서 통신 시설만 있으면 영업이 가능하며 냉동 창고와는 임대계약이 되어 있어서 보관상 문제가 없으므로 자택에서 영업이 가능하다고 판단되는데 꼭 사무실이 있어야 하나요?

A. 답변

「식품위생법」 시행규칙 제42조에 따라 영업을 신고하려는 자는 영업에 필요한 시설을 갖춘 후 영업신고서 및 관련 서류를 제출하여야 하고, 서류를 제출 받은 신고 관청은 타법 상 저촉하는 부분이 없는지 토지이용계획 및 건축물등록대장 등을 확인하여야 합니다.

「식품위생법」 상에서는 정하는 시설기준 등의 요건을 갖출 경우 건물의 종류(용도)에 따라 영업을 제한하고 있지 않으므로 「건축법」 소관 부처의 검토가 필요하다고 판단되며, 「건축법」 등 타법의 저촉사항이 없을 경우 「식품위생법」 상 영업 신고 수리가 가능합니다.

참고로, 「식품위생법」 시행규칙 제36조 [별표 14] 업종별시설기준 5.6)가)에 따라 영업활동을 위한 독립된 사무소가 있어야 한다. 다만, 영업활동에 지장이 없는 경우에는 다른 사무소를 함께 사용할 수 있도록 규정하고 있습니다.

식품등수입판매업 시설기준
(보관창고)

Q 질문

식품등수입판매업의 시설기준에는 "식품 등을 직접 소비자에게 판매하지 아니하는 경우에는 별도의 보관창고를 설치하지 아니할 수 있다"고 규정되어 있는 바, 당사의 경우 수입 식품을 당사가 운영하는 위탁급식영업 사업장에 배송하여 조리, 이용자들에게 제공을 하고 있는 바 동 경우를 "직접 소비자에게 판매하지 아니하는 경우"로 보아 보관창고를 설치하지 않아도 되나요?

A 답변

「식품위생법」제36조 및 같은 법 시행규칙 제36조 관련 [별표 14] 5. 식품소분·판매업의 시설기준 6) 식품등 수입판매업에서는 "나) 식품등을 위생적으로 보관할 수 있는 창고를 갖추어야 한다" "다) 이 경우에도 불구하고 식품등을 직접 소비자에게 판매하지 아니하는 경우에는 별도의 보관창고를 설치하지 아니할 수 있다"라고 규정하고 있으므로, 귀하의 경우 별도의 보관창고를 설치하지 않아도 될 것으로 판단되나, 식품 보관에 위생적인 취급기준 등은 준수하여야 합니다.

수입냉동제품의 포장 결함 시 재포장 가능 여부

Q 질문

수출제조업체에서 밀봉포장으로 냉동되어 수입되고 있으나, 섭취 등의 목적으로 해동시킬 경우 일부 제품들에서 밀봉된 부분이 살짝 벌어져서 내용물이 일부 새어나오는 문제가 발생하였습니다. 이에 수입업체인 당사가 기존 포장지 위에 겉포장을 추가하려고 하는데 가능한가요?

A 답변

「식품위생법」 제3조(식품 등의 취급) 제1항 및 제2항에 따르면 누구든지 판매(판매 외의 불특정 다수인에 대한 제공을 포함)를 목적으로 식품 또는 식품첨가물을 채취·제조·가공·사용·조리·저장·소분·운반 또는 진열을 할 때에는 깨끗하고 위생적으로 하여야 하며, 영업에 사용하는 기구 및 용기·포장은 깨끗하고 위생적으로 다루어야 한다고 규정되어 있음에 따라 포장 및 제품 상태가 위생상 위해가 발생하지 않도록 깨끗하고 위생적으로 관리하여야 합니다.

또한, 「식품등의 표시기준」 따르면 수출국에서 유통되고 있는 식품 등의 경우에는 수출국에서 표시한 표시사항이 있어야 하고, 한글이 인쇄된 스티커를 사용할 수 있으나 떨어지지 아니하게 부착하여야 하며, 원래의 용기·포장에 표시된 제품명, 원재료명, 유통기한 등 일자표시에 관한 사항 등 주요 표시사항을 가려서는 아니 됩니다. 다만, 한글로 표시된 용기·포장으로 포장하여 수입되는 식품등의 경우에는 표시사항을 스티커로 부착하여서는 아니 된다고 규정하고 있습니다.

따라서, 수입제품의 제조사에서 포장 방법을 보완하여야 할 것으로 판단되며, 위생상의 위해를 방지하기 위해 원래의 포장상태에 추가적으로 포장하더라도 2차적인 위해의 발생 소지가 있을 것으로 판단되어 추가 포장은 적절치 않습니다.

수입제품의 제조원 허위 표시한 경우 처분

Q. 질문

수입회사가 임의로 제조회사명을 표시하여 국내 판매 시 「식품위생법」에 따른 처분 대상이 될 수 있나요?

A. 답변

「식품위생법」제19조 및 동법 시행규칙 제12조에 따라 수입신고를 하려는 자는 별지 3호 서식의 식품등의 수입신고서 사실대로 기재하여 수입신고 하여야 합니다.

따라서, 실제 제조원이 아닌 타 업체의 상호명을 제조원으로 기재하여 수입 신고한 경우, 「식품위생법」 시행규칙 제89조 관련 [별표 23] II. 개별기준 1. 식품제조·가공업 등 제8호나2) '제조업소, 소재지, 제품명, 용도 및 제조일자(유통기한)를 사실과 다르게 신고한 경우'로 보아, 영업정지 1개월(1차) 처분에 해당됩니다.

(7) 기타식품판매업

기타식품판매업의 영업장 면적 기준

Q. 질문

식품위생법이 아닌 타법에 의하여 영업 신고한 식육판매업 및 자유업종인 양곡상회, 수산물 판매점 등이 별도의 구획 없이 식품매장 내 있으며 개별 사업자등록(영업신고 등)을 한 경우 기타식품판매업 영업장 면적으로 포함되나요?

A. 답변

「식품위생법」 시행령 제21조 및 시행규칙 제39조에서는 총리령으로 정하는 일정규모 이상의 백화점, 슈퍼마켓, 연쇄점 등의 영업장 면적이 300제곱미터 이상의 업소에서 식품을 판매하는 영업에 대하여 '기타 식품판매업' 영업신고를 하도록 규정하고 있습니다.

이와 관련하여 상기의 영업장 면적은 기타 식품판매업 영업에 필요한 판매장, 작업장, 냉장시설 등 식품 판매와 관련된 면적이 300제곱미터 이상 경우를 말합니다.

또한, 기타 식품판매업 영업장 내에 「식품위생법」 및 「축산물 위생관리법」에 따라 등록·신고한 영업을 운영하는 경우 해당 면적은 기타 식품판매업 영업장 면적에 포함되지 않습니다.

4. 식품첨가물제조업, 식품운반업 및 제과점영업

(1) 식품첨가물제조업   81
(2) 식품운반업   82
(3) 제과점영업   87

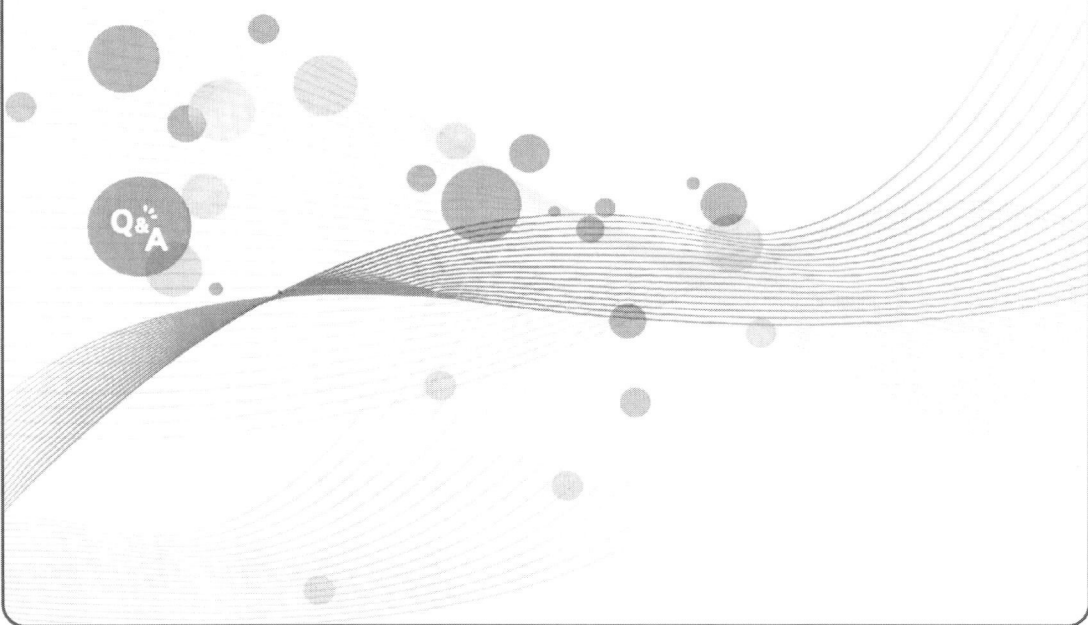

(1) 식품첨가물제조업

식품첨가물제조업 시설기준

Q. 질문

식품첨가물 제조공정과 사료의 제조공정이 동일할 경우 식품첨가물 제조시설을 사용하여 생산이 가능한가요?

A. 답변

식품첨가물제조업의 시설기준은 식품제조·가공업의 시설기준을 준용할 수 있음에 따라 「식품위생법」 시행규칙 제36조 [별표 14] 업종별 시설기준 1. 식품제조·가공업 자. 시설기준의 특례 3)에 "하나의 업소가 둘 이상의 업종의 영업을 할 경우 또는 둘 이상의 식품을 제조·가공하고자 할 경우로서 각각의 제품이 전부 또는 일부의 동일한 공정을 거쳐 생산되는 경우에는 그 공정에 사용되는 시설 및 작업장을 쓸 수 있다. 이 경우 「축산물가공처리법」 제22조에 따라 축산물가공처리업의 허가를 받은 업소, 「먹는물관리법」 제21조에 따라 먹는샘물제조업의 허가를 받은 업소, 「주세법」 제6조에 따라 주류제조의 면허를 받아 주류를 제조하는 업소 및 「건강기능식품에 관한 법률」 제5조에 따라 건강기능식품제조업의 허가를 받은 업소 및 「양곡관리법」 제19조에 따라 양곡가공업 등록을 한 업소의 시설 및 작업장도 또한 같다."라고 명시되어 있음에 따라 동 경우에만 시설 및 작업장을 함께 쓸 수 있습니다.

따라서, 식품첨가물 작업장은 독립된 건물이거나 식품첨가물제조·가공 외의 용도로 사용되는 시설과 분리(별도의 방을 분리함에 있어 벽이나 층 등으로 구분하는 것)하여야 합니다.

(2) 식품운반업

식품운반업 영업신고 대상 여부(1)

Q. 질문

식품첨가용 가성소다를 운송할 시 「식품위생법」 시행령 제21조제4항에 따른 영업신고를 받아야 하나요?

A. 답변

「식품위생법」 시행령 제21조제4호에 따라 직접 마실 수 있는 유산균음료(살균유산균음료 포함)나 어류·조개류 및 그 가공품 등 부패·변질되기 쉬운 식품을 위생적으로 운반하고자 할 때에는 '식품운반업' 영업신고를 하여야 합니다.

따라서, 식품첨가물로 제조·가공된 완제품(식품등의 표시사항 표시 제품)을 판매하는 경우 상기에 따른 영업대상에 해당되지 않습니다.

식품운반업 영업신고 대상 여부(2)

Q. 질문

살아있는 활어를 운반하는 차량의 경우 식품운반업을 득해야 하는지요?

A. 답변

「식품위생법」 제37조 및 같은 법 시행령 제21조제4호에 따라 '식품운반업'은 '직접 마실 수 있는 유산균음료(살균유산균음료를 포함)나 어류·조개류 및 그 가공품 등 부패·변질되기 쉬운 식품을 위생적으로 운반하는 영업(단, 해당 영업자의 영업소에서 판매할 목적으로 식품을 운반하는 경우와 해당 영업자가 제조·가공한 식품을 운반하는 경우 제외)'으로 규정하고 있습니다.

이와 관련하여 상기 규정에 따라 부패·변질되기 쉬운 식품을 운반하기 위해서는 식품운반업 영업 신고를 하여야 하나, 활어의 경우 이에 해당하지 않습니다. 다만, 식품을 위생적으로 관리하는 등 「식품위생법」 제3조에 따른 식품등의 위생적인 취급기준 등을 준수하여야 합니다.

식품운반업 영업신고 대상 여부(3)

Q. 질문

냉동수산물 및 활어 판매 업체에서 냉동 탑차를 이용하여 음식점 및 횟집에 배달 판매한 경우 「식품위생법」에 따른 '식품운반업' 영업 행위에 해당되나요?

A. 답변

「식품위생법」 시행령 제21조에 따라 '식품운반업'은 '직접 마실 수 있는 유산균 음료(살균유산균음료를 포함)나 어류·조개류 및 그 가공품 등 부패·변질되기 쉬운 식품을 위생적으로 운반하는 영업(다만, 해당 영업자의 영업소에서 판매할 목적으로 식품을 운반하는 경우와 해당 영업자가 제조·가공한 식품을 운반하는 경우는 제외)'으로 규정하고 있습니다.

따라서, 상기에 해당하는 품목을 상시 전문적으로 운반·판매하는 경우 위생적인 운반·관리를 위해 식품운반업 대상에 해당할 것으로 판단되나, 고객의 배달 주문 요청에 의한 서비스 차원의 배달과 활어를 납품하는 경우는 식품운반업 대상에 해당되지 않습니다.

※ 단, 같은 법 제3조에 따라 식품등의 위생적인 취급기준(냉동수산물 등에 대한 보존·유통기준 등)은 준수하여야 함

식품운반업 영업신고 대상 여부(4)

Q. 질문

대형마트, 백화점에서 계산된 식품을 고객의 편의를 위하여 서비스 차원에서 배송을 할 경우 대형마트나 백화점에서 식품운반업 영업신고를 하여야 하나요? 배송 시 백화점 직원이 아닌 위탁업체가 배송할 경우, 위탁업체는 식품운반업 신고를 하여야 하나요?

A. 답변

「식품위생법」에 따른 '식품운반업'은 '직접 마실 수 있는 유산균음료(살균유산균 음료를 포함 함)나 어류·조개류 및 그 가공품 등 부패·변질되기 쉬운 식품을 위생적으로 운반하는 영업(다만, 해당 영업자의 영업소에서 판매할 목적으로 식품을 운반하는 경우와 해당 영업자가 제조·가공한 식품을 운반하는 경우는 제외)'을 말합니다.

따라서, 식품운반업에 해당되지 않을 것이나, 같은 법 시행규칙 제2조(식품등의 위생적인 취급에 관한 기준)를 준수하여야 합니다.

식품운반업 영업신고 대상 여부(5)

Q. 질문

기타식품판매업에서 고객이 전복 등 수산물, 축산물 및 가공품을 계산한 후 직접 가지고 가기가 어려워 집까지 배송을 원하는 경우 있어 고객이 요청에 따라 비상시적으로 가까운 거리에 한해서는 서비스 차원으로 배송을 해드리고 있습니다. 이런 경우에 식품운반업 영업신고를 해야 하나요?

A. 답변

「식품위생법」에 따른 '식품운반업'은 '직접 마실 수 있는 유산균음료(살균유산균 음료를 포함 함)나 어류·조개류 및 그 가공품 등 부패·변질되기 쉬운 식품을 위생적으로 운반하는 영업(다만, 해당 영업자의 영업소에서 판매할 목적으로 식품을 운반하는 경우와 해당 영업자가 제조·가공한 식품을 운반하는 경우는 제외)'을 말합니다.

따라서, 식품운반업에 해당되지 않을 것이나, 「식품위생법」 시행규칙 제2조(식품등의 위생적인 취급에 관한 기준)을 준수하여야 합니다.

(3) 제과점영업

제과점영업 제품을 다른 곳으로 납품가능 여부

Q. 질문

토스트집을 운영 시 제가 원하는 크기의 토스트 빵을 구할 수 없어 일반 제과점에서 부탁해서 원하는 크기로 만들어 준다고 해서 구매하여 재료로 쓰려고 하는데요. 원재료로서 제과점영업의 제품을 사용하면 안 되나요?

A. 답변

현행「식품공전」제7 식품접객업소의 조리식품 등에 대한 기준 및 규격에 따르면 '조리식품'은 '유통·판매를 목적으로 하지 아니하고 조리 등의 방법으로 손님에게 직접 제공하는 모든 음식물(음료수, 생맥주 등 포함)'을 말합니다.

따라서, 식품접객업소인 제과점에서 조리한 식품을 다른 식품접객업소인 휴게음식점의 조리용 원료로 유통·판매하여서 아니되므로 조리용 원료인 식빵을 구입하는 경우에는 "식품제조·가공업소"에서 생산되어 표시사항 등이 완비된 제품을 공급받아 사용하여야 합니다.

제과점영업 온라인 홍보가능 여부

Q. 질문

제과점영업을 하면서 제 개인 블로그에 제과점에서 만들어지는 쿠키, 케이크 등의 제품 사진을 올리는 것이 가능한가요?

A. 답변

「식품위생법」 시행령 제21조 8.식품 접객업소의 영업신고를 한 자가 조리한 식품에 대한 규정은 「식품공전」 제7. 식품접객업소(집단급식소 포함)의 조리식품 등에 대한 기준 및 규격 1. 정의에서 '식품접객업소(집단급식소 포함)의 조리식품이란 유통판매를 목적으로 하지 아니하고 조리 등의 방법으로 손님에게 직접 제공하는 모든 음식물(음료수, 생맥주 등 포함)을 말한다'라고 규정하고 있습니다.

유통을 목적으로 하는 경우에는 식품제조·가공업 등록을 하여야 하나, 제과점에서 제조한 제품을 유통목적이 아닌 홍보차원으로 블로그에 게재하는 것은 가능합니다.

제과점영업 영업 행위 해당 여부(1)

Q. 질문

영업신고가 제과점으로 되어있는데 핸드메이드로 만든 잼 판매가 불가한가요?

A. 답변

「식품위생법」에 따른 '제과점영업'은 '주로 빵, 떡, 과자 등을 제조·판매하는 영업으로서 음주행위가 허용되지 아니하는 영업'으로 규정하고 있습니다.

따라서, 주로 빵 등을 제조·판매하면서 부수적으로 단기간에 섭취할 수 있는 소량의 잼류의 제조·판매가 가능할 것으로 판단됩니다.

제과점영업 영업 행위 해당 여부(2)

Q. 질문

전국 할인점에 입점한 제과점 영업자로서, 식품제조·가공업소에서 제조·가공한 냉동식품(라자냐(스파게티), 양념감자, 어니언링 같은 제품)을 판매를 하게 되면 영업신고를 새롭게 허가를 받아야 되나요?

A. 답변

「식품위생법」 시행령 제21조에 따르면 '제과점영업'은 '주로 빵, 떡, 과자 등을 제조·판매하는 영업으로서 음주행위가 허용되지 아니하는 영업'으로 규정하고 있습니다.

따라서, 주로 빵을 제조·판매하는 제과점영업을 하면서 부수적으로 냉동제품(식품제조·가공업소에서 제조·가공하여 표시가 완료된 완제품)을 단순히 데워주는 경우라면 별도 영업신고는 필요치 않습니다.

제과점영업 영업 행위 해당 여부(3)

Q. 질문

제과점 영업을 하고 있는데 블록 형태의 초콜릿을 구입해서 잘게 쪼갠 다음 플라스틱 용기에 담거나, 직접 만든 쿠키와 함께 포장해서 판매하려고 하는데, 제과점영업 범위에 해당하나요?

A. 답변

「식품위생법」 시행령 제21조제8호 바목에 따르면 '제과점영업'은 '주로 빵, 떡, 과자 등을 제조·판매하는 영업으로서 음주행위가 허용되지 아니하는 영업'으로 규정하고 있습니다.

이 경우 식품제조·가공업소에서 생산된 완제품을 제과점영업장 내에서 그대로 판매만 하는 경우에는 가능할 것으로 판단되며, 제과점영업을 하면서 식품제조·가공업자가 제조·가공한 초콜릿을 구매하고, 이를 원료로 조리하여 영업장 내에서 최종소비자에게 판매하는 것은 제과점영업의 범위 내에서 가능합니다.

제과점영업 영업 행위 해당 여부(4)

Q. 질문

기타식품판매업소 내에서 임대로 빵, 케이크, 과자 등을 제과점영업신고를 하고 판매하고 있습니다. 제품을 직접 만들어 판매하다가 일부 제품을 완제품으로 납품 받아 판매하려 하는데 아래 형태로 운영할 경우 제과점영업으로 판매가 가능한가요?

A. 답변

식품제조·가공업소에서 생산된 완제품(표시사항 완료)을 그대로 판매하는 경우에는 가능하며, 「식품공전」 제2. 식품일반에 대한 공통기준 및 규격 6. 보존 및 유통기준을 준수하여 판매하여야 합니다.

5. 휴게음식점영업 및 일반음식점영업

식품접객업소의 조리식품 보관방법

Q. 질문

일반 돈육을 야채, 소스와 혼합작업을 하여 냉장 및 냉동 보관을 하여 판매중입니다. 여기서 작업이 완료되어 냉장·냉동 보관중인 상태에 관하여 법적인 유효기간이 있나요? 있다면, 당일 소진하여야 하나요?

A. 답변

「식품위생법」시행규칙 제57조 관련 [별표 17]의 식품접객업자의 준수사항 카목에 따르면 유통기한이 경과된 원료 또는 완제품을 조리·판매의 목적으로 보관하거나 이를 음식물의 조리에 사용하여서는 아니 되도록 규정하고 있으며, 같은 법 제3조에서는 "누구든지 판매(판매 외의 불특정 다수인에 대한 제공을 포함한다. 이하 같다)를 목적으로 식품 또는 식품첨가물을 채취·제조·가공·사용·조리·저장·소분·운반 또는 진열을 할 때에는 깨끗하고 위생적으로 하여야 한다."고 규정하고 있습니다.

이와 관련하여 식품접객업소에서 조리된 식품은 별도의 유통기한이 없으나 조리에 사용된 원재료 등의 유통기한을 고려하여 가급적 신속히 사용되어야 하며, 위생적으로 보관 및 취급하여야 합니다.

일반음식점에서 된장 제조·판매 가능 여부

Q. 질문

식당에서 사용하고 있는 된장을 판매하려고 할 때 영업신고(등록) 해야 하나요?

A. 답변

「식품위생법」 시행령 제21조에서는 '일반음식점영업'이란 '음식류를 조리·판매하는 영업으로서 식사와 함께 부수적으로 음주행위가 허용되는 영업'을 말하며, 「식품공전」 제7. 식품접객업소(집단급식소 포함)의 조리식품 등에 대한 기준 및 규격 1. 정의에서 '식품접객업소(집단급식소 포함)의 조리식품이란 유통·판매를 목적으로 하지 아니하고 조리 등의 방법으로 손님에게 직접 제공하는 모든 음식물(음료수, 생맥주 등 포함)을 말한다'고 규정하고 있으며, 일반음식점에서 조리한 음식을 고객의 요청에 따라 일시적으로 서비스차원에서 포장하여 판매하는 것은 가능할 것으로 판단됩니다.

다만, 된장을 제조·가공하여 최종소비자를 대상으로 직접 진열·판매하고자 하는 경우에는 즉석판매제조·가공업 영업신고를, 일반적인 시중 유통을 하고자 하는 경우에는 식품제조·가공업 영업등록을 하여야 하며, 제조·가공된 모든 식품에는 「식품등의 표시기준」에 적합한 한글표시사항을 표시하여야 합니다.

음식점 메뉴판에 '명인' 표현

Q. 질문

음식점 메뉴판에 "명인 또는 장인의 고추장, 된장, 간장을 일부 사용하고 있습니다"와 해당 명인의 사진, 그리고 생산방식에 대한 사실적인 설명을 적고자 하는데 가능한가요?

A. 답변

「식품위생법」 제13조 및 같은 법 시행규칙 제8조제1항에는 "누구든지 용기·포장 및 라디오·텔레비젼·신문·잡지·음악·영상·인쇄물·간판·인터넷, 그 밖의 방법으로 식품 등의 명칭·제조방법·품질·영양가·원재료·성분 또는 사용에 대한 정보를 나타내거나 알리는 행위를 할 때에는 사실과 다르거나 과장된 표시광고, 식품 등의 영양가, 성분, 용도 등과 다른 내용의 표시·광고 등의 허위·과대광고를 하여서는 아니 된다."고 규정하고 있습니다.

이와 관련하여 국립국어원 표준국어대사전에서는 '명인'을 '어떤 분야에서 기예가 뛰어나 유명한 사람'으로 규정하고 있으므로, '식품명인'에 대한 객관적인 증빙자료가 있거나 사실 확인이 가능한 경우라면 제시하신 문구는 사용 가능합니다.

음식점 메뉴판에 '리얼딸기주스' 및 '생딸기주스' 표현

Q. 질문

휴게음식점을 운영 시 생딸기와 당절임한 과일을 혼합하여 만든 음료를 '리얼딸기주스' 혹은 '생딸기주스'라고 제품명을 사용하려고 하는데 가능한가요?

A. 답변

「식품위생법」 제13조 및 같은 법 시행규칙 제8조에 따라 누구든지 용기·포장 및 라디오·텔레비전·신문·잡지·음악·영상·인쇄물·간판·인터넷, 그 밖의 방법으로 식품 등의 명칭·제조방법·품질·영양가·원재료·성분 또는 사용에 대한 정보를 나타내거나 알리는 행위를 할 때에는 사실과 다르거나 과장된 표시·광고, 소비자를 오인·혼동시킬 우려가 있는 표시·광고 등을 하여서는 아니 되도록 규정하고 있습니다.

이와 관련하여 생딸기와 당절임한 과일을 혼합하여 만든 음료에 '리얼딸기주스' 또는 '생딸기주스'로 메뉴명(제품명)을 사용하는 것은 해당 제품이 딸기만으로 조리한 음식으로 오인·혼동할 우려가 있어 해당 메뉴명은 적절치 않습니다.

* 당절임 : 주원료를 꿀, 설탕 등 당류에 절이거나 이에 식품 또는 식품첨가물을 가공한 것을 말함

휴게음식점에서 식품제조·가공업소 제품 조리 후 진열·판매 가능 여부

Q 질문

휴게음식점 영업자(커피전문점)로서 커피 등 음료류 외 부수적으로 조각 케익 및 빵류를 판매하고 있는데, 식품제조·가공업소의 가공품(완제품/반제품)을 납품받아, 매장에서 일련의 조리과정을 거쳐 쇼케이스에 진열하여 판매하는 형태인데 이러한 영업행위가 가능하나요?

A 답변

「식품위생법」 시행령 제21조제8호 가목에서는 '휴게음식점영업'이란 '주로 다류(茶類), 아이스크림류 등을 조리·판매하거나 패스트푸드점, 분식점 형태의 영업 등 음식류를 조리·판매하는 영업으로서 음주행위가 허용되지 아니하는 영업. 다만, 편의점, 슈퍼마켓, 휴게소, 그 밖에 음식류를 판매하는 장소(만화가게 및 「게임산업진흥에 관한 법률」 제2조제7호에 따른 인터넷컴퓨터게임시설제공업을 하는 영업소 등 음식류를 부수적으로 판매하는 장소를 포함한다)에서 컵라면, 일회용 다류 또는 그 밖의 음식류에 물을 부어 주는 경우는 제외한다.'고 규정하고 있습니다.

이와 관련하여 휴게음식점에서 식품제조·가공업소에서 생산한 빵류 등 가공완제품을 납품받아 초코 시럽 데코 등 별도의 조리행위를 한 후 진열·판매하는 것은 가능합니다.

고객용 편의시설 운영 시 휴게음식점영업 대상 여부

Q. 질문

주차고객을 위한 대기실과 VIP 고객을 위한 쉼터(VIP 라운지)입니다. 두 장소 모두 무상으로 고객을 위한 음료를 제공하고 있으며 VIP 라운지는 간단한 다과(완제품)를 제공하기도 합니다. 일부 조리행위(커피 등)가 있어도 무상제공일 경우 영업신고를 하지 않고 운영해도 되나요?

A. 답변

「식품위생법」 시행령 제21조제8호 가목에서는 '휴게음식점영업'이란 '주로 다류(茶類), 아이스크림류 등을 조리·판매하거나 패스트푸드점, 분식점 형태의 영업 등 음식류를 조리·판매하는 영업으로서 음주행위가 허용되지 아니하는 영업으로 규정하고 있습니다.

다만, 편의점, 슈퍼마켓, 휴게소, 그 밖에 음식류를 판매하는 장소(만화가게 및 「게임산업진흥에 관한 법률」 제2조제7호에 따른 인터넷컴퓨터게임시설제공업을 하는 영업소 등 음식류를 부수적으로 판매하는 장소를 포함한다)에서 컵라면, 일회용 다류 또는 그 밖의 음식류에 물을 부어 주는 경우는 제외한다.'고 규정하고 있습니다.

또한, 완포장 된 다류, 과자류 등을 조리 과정없이 서비스 차원에서 깨끗하고 위생적으로 제공하는 경우에는 별도의 영업신고는 필요하지 않습니다.

휴게음식점 조리장 내 방충망 설치 의무 여부

Q. 질문

휴게음식점 조리장 내 직원들이 출입하는 모든 출입문과 창문에 위생상의 이유로 방충망을 설치하여야 하는 법적 의무가 있나요?

A. 답변

「식품위생법」 제3조에서는 "누구든지 판매(판매 외의 불특정 다수인에 대한 제공을 포함한다)를 목적으로 식품 또는 식품첨가물을 채취·제조·가공·사용·조리·저장·소분·운반 또는 진열을 할 때에는 깨끗하고 위생적으로 하여야 한다."고 규정하고 있습니다.

아울러, 「식품위생법」 시행규칙 제100조 [별표 27] 제1호 가목에서는 "식품등을 취급하는 원료보관실·제조가공실·조리실·포장실 등의 내부에 위생해충을 방제 및 구제하지 아니하여 그 배설물 등이 발견되거나 청결하게 관리하지 아니한 경우"에는 과태료를 부과하고 있으므로 위생해충 방제 등의 관리를 철저히 하여야 합니다.

영업신고 관련 질의

Q. 질문

야간 관광 활성화와 전통시장 살리기를 위해 「식품위생법」 제36조(시설기준)에 따라 시에서 시설기준을 따로 정하여 전통시장 내 무허가 건축물과 이동식 매대에서 음식점 영업이 가능한가요?

A. 답변

「식품위생법」 시행규칙 제36조 관련 [별표 14] 8. 식품접객업 시설기준 5) 공통시설기준의 적용특례에서는 「재래시장 및 상점가 육성을 위한 특별법」 제2조제1호에 따른 재래시장에서 음식점 영업을 하는 경우 등에 대해 공통시설기준에도 불구하고 특별자치도지사·시장·군수·구청장(시·도에서 음식물의 조리·판매행위를 하는 경우에는 시·도지사)이 시설기준을 따로 정할 수 있도록 규정하고 있습니다.

따라서, 재래시장 육성 등을 위해 상기 규정에 따라 일정 장소를 지정·시설기준을 따로 정하여 운영하는 것은 가능할 것으로 판단되나, 이때 건축용도 및 도로점용허가 등과 관련하여 건축과 및 건설안전과 등의 관련부서와 협의 등을 통해 시설기준 등을 같이 정하여 운영하는 것이 타당할 것으로 판단됩니다.

일반음식점 내 코너별 운영

Q. 질문

일반음식점으로 신고 된 영업장 내에서 코너를 나누어 코너별 이름을 설정하여 운영을 할 수 있나요?

A. 답변

「식품위생법」 시행규칙 제36조 관련 [별표 14] 업종별 시설기준에 따라 영업에 적합한 시설을 갖춘 일반음식점의 경우라면 영업장 내 코너별 운영은 가능합니다.

푸드코트의 공동취식공간 및 식품외의 제품판매 가능 여부

Q. 질문

마트 내에서 휴게음식점과 일반음식점으로 각각 영업신고를 받아 운영하고 있습니다. 이런 인접한 매장들은 공동의 취식공간을 운영하지만 법적으로 영업신고는 분리되어 있습니다. 이 경우 일반음식점에서 고객에게 판매한 주류(생맥주 등)를 고객이 푸드코트 등의 공동취식공간에서 음주 행위를 하는 것이 가능한가요? 또한, 식품접객업(휴게/일반음식점) 영업장 내에서 주방용품이나 서적 등을 판매할 수 있나요?

A. 답변

「식품위생법」 시행규칙 제36조 관련 [별표 14] 8. 식품접객업의 시설기준 5) 공동시설의 적용특례 다)에서는 "백화점, 슈퍼마켓 등에서 휴게음식점영업 또는 제과점영업을 하려는 경우와 음식물을 전문으로 조리하여 판매하는 백화점 등의 일정장소(식당가를 말한다)에서 휴게음식점영업·일반음식점영업 또는 제과점영업을 하려는 경우로서 위생상 위해발생의 우려가 없다고 인정되는 경우에는 각 영업소와 영업소 사이를 분리 또는 구획하는 별도의 차단벽이나 칸막이 등을 설치하지 아니할 수 있다."고 규정하고 있습니다.

따라서, 동 규정에 따라 관할 관청에서 영업 시설을 허용한 경우 소비자는 공동취식공간에서 음식(주류 포함)의 섭취가 가능할 것으로 판단됩니다. 다만, 주류의 판매가 금지되는 청소년에게 주류를 제공(판매하거나 섭취)하여서는 아니 됩니다.

아울러, 동 시설기준에서는 영업장은 "독립된 건물이거나 식품접객업의 영업허가 또는 영업신고를 한 업종 외의 용도로 사용되는 시설과 분리되어야 한다"고 규정하고 있으므로 주방용품, 서적 등을 판매하고자 할 경우, 별도 분리(별도의 방을 분리함에 있어 벽이나 층 등으로 구분)하여 식품등에 위해가 없도록 위생적으로 관리·판매하여야 합니다.

휴게음식점 내 제조커피원액 판매 가능 여부

Q 질문

휴게음식점에서의 원두 및 더치커피 판매(용기에 담아서 밀봉 판매)가 매장방문고객(테이크아웃 제외)에게 가능한가요?

A 답변

「식품위생법」에서 휴게음식점은 주로 다류(茶類), 아이스크림류 등을 조리·판매하거나 패스트푸드점, 분식점 형태의 영업 등 음식류를 조리·판매하는 영업으로 음주행위가 허용되지 아니하는 영업으로서 당해 영업을 하고자 하는 경우 특별자치도지사·시장·군수·구청장에게 신고하여야 합니다.

휴게음식점으로 신고 된 커피전문점에서 영업자가 영업장 내에 설치된 로스팅 기계로 제조한 볶은 커피를 이용하여 커피를 조리·판매하거나 영업장 내에서 제조한 볶은 커피, 추출 커피를 매장에 방문한 고객에게 용기에 담아 판매할 수 있도록 하고 있습니다.

다만, 휴게음식점 영업장 내에서 상기의 영업을 주로 하면서 부수적으로 제조한 볶은 커피와 추출 커피 등을 용기에 담아 판매하는 것은 가능하나, 이러한 영업행위를 주로 하거나 전국적으로 유통·판매하고자 하는 경우에는 식품제조·가공업 영업등록을 통해 영업을 하도록 하고 있습니다.

휴게음식점 옥외영업

Q. 질문

커피, 제과, 음료 등 판매에 있어 꼭 건물 안에서만 해야 「식품위생법」에 저촉되지 않는다고 하는데, 도로도 아닌 자기 토지에 야외 이동식 탁자와 의자를 내놓고 빵 커피 등 음료를 앉아서 먹도록 하는 것을 「식품위생법」으로 규제해야 하는가요?

A. 답변

「식품위생법」 시행규칙 [별표 14] 제8호가목5)마)에 따라 '시·도지사 또는 시장·군수·구청장이 별도로 지정하는 장소에서 휴게음식점영업, 일반음식점영업 또는 제과점영업을 하는 경우에는 공통시설기준에도 불구하고 시장·군수 또는 구청장이 시설기준 등을 따로 정하여 영업장 신고면적 외 옥외 등에서 음식을 제공할 수 있다'라고 규정하고 있습니다.

옥외영업 특례규정은 소음문제, 생활공해(네온사인 등) 지역주민과의 갈등을 유발할 수 있는 바, 지방자치단체의 실정에 맞도록 운영하기 위하여 해당 규정이 존재합니다.

따라서, 지자체 판단에 따라 필요하다고 판단되는 경우 옥외영업이 가능합니다.

휴게음식점에서 무알콜맥주 판매 가능 여부

Q. 질문

프랜차이즈 커피전문점(휴게음식점)에서 무알코올맥주(식품유형 : 탄산음료) 판매가 가능한가요?

A. 답변

「식품위생법」 시행령 제21조 식품접객업 중 '휴게음식점 영업'은 '주로 다류, 아이스크림류 등을 조리·판매하거나 패스트푸드점, 분식점 형태의 영업'으로 구분하여 관리하고 있으므로, 휴게음식점에서 조리·판매하는 상기 음식류 이외의 탄산음료 완제품을 판매하는 경우는 휴게음식점 영업 내에서 판매 가능합니다.

휴게음식점 내 반지만들기 체험장 운영 가능 여부

Q. 질문

분리되지 않은 한 공간에서 반지 만드는 비용을 따로 받고 휴게음식점을 영업할 수 있나요? 또한, 휴게음식점에서 '반지만들기'라는 상호를 사용할 수 있나요?

A. 답변

「식품위생법」 시행규칙 제36조 관련 [별표 14] 식품접객업의 시설기준에 따라 '영업장은 독립된 건물이거나 식품접객업의 영업허가 또는 영업신고를 한 업종 외의 용도로 사용되는 시설과 분리한다'고 규정하고 있습니다.

따라서, 반지 만드는 장소와 휴게음식점을 함께 하시고자 한다면 식품위생상의 위해 발생 우려가 없을 정도로 각각의 시설을 분리하여 운영하여야 합니다.

아울러, 「식품위생법」 시행규칙 제57조 관련 [별표 17] 식품접객업영업자의 준수사항 사목에 의거하여 '간판에는 같은 법 시행령 제21조에 따른 해당 업종명과 허가를 받거나 신고한 상호를 표시하여야 하며, 이 경우 업종구분에 혼동을 줄 수 있는 사항은 표시하여서는 아니 된다고 규정'하고 있음에 따라 소비자가 타 업종으로 혼동하지 않도록 간판 상호 주위에 업종명(휴게음식점)을 같이 표시하여 관리하는 것이 바람직 할 것입니다.

휴게음식점 주류 진열 판매

Q 질문

대형매장 내의 휴게음식점에서 와인과 막걸리를 진열하고 있습니다. 와인과 막걸리의 가격은 고지되어 있어 고객이 가져갈 수 있으나 계산은 휴게음식점 코너에서 하는 것이 아니라 대형매장의 계산대에서 계산하고 있습니다. 대형식품매장 특성상 연관진열을 많이 하고 있는데 주류의 진열이 문제가 되나요?

A 답변

「식품위생법」 시행령 제21조제8호에 의거하여 '휴게음식점영업'은 '주로 다류, 아이스크림류 등을 조리·판매하는 영업'으로서 음주행위가 허용되지 아니하는 손님을 접객하는 영업을 말합니다.

따라서, 휴게음식점에서는 주류를 진열, 판매하여서는 아니 됩니다.

휴게음식점의 판매 가능 상품

Q. 질문

휴게음식점에서 샌드위치, 토스트 등의 음식을 직접 조리하여 판매 가능한가요?

A. 답변

「식품위생법」 시행령 제21조(영업의종류)에 따르면 '휴게음식점영업'은 '주로 다류, 아이스크림류 등을 조리·판매하거나 패스트푸드점, 분식점 형태의 영업 등 음식류를 조리·판매하는 영업으로서 음주행위가 허용되지 아니하는 영업(다만, 편의점, 슈퍼마켓, 휴게소, 그 밖에 음식류를 판매하는 장소에서 컵라면, 일회용 다류 또는 그 밖의 음식류에 뜨거운 물을 부어 주는 경우는 제외)'으로 규정하고 있음에 따라 '샌드위치', '토스트'를 조리하여 판매하는 것은 가능합니다.

일반음식점에서 조리한 식품 손님에게 판매 가능 여부

Q. 질문

일반음식점(한식 뷔페)에서 원재료로 사용하는 두부를 주방 내에서 직접 제조하여 사용하려 합니다. 간단하게 불림, 맷돌, 끓임, 굳힘 및 성형 등 공정을 거쳐서 직접 만드는데 식품제조·가공업 등록을 하여야 하나요?

A. 답변

「식품위생법」상 '일반음식점영업'은 '음식류를 조리 판매하는 영업으로 식사와 함께 부수적으로 음주행위가 허용되는 영업'으로 규정하고 있습니다.

두부를 가공하여 시중 유통의 목적이 아닌 일반음식점 내에서 조리를 위해 사용하고자 한다면 별도로 식품제조·가공업 등록에 해당되지 않을 것으로 판단되나, 이를 유통·판매하고자 하는 경우 식품제조·가공업 등록을 하여야 합니다.

일반음식점에서 포장·판매

Q. 질문

일반음식점에서 손님이 조리식품의 포장·판매를 원하면 판매가 가능한가요?

A. 답변

「식품위생법」상 '일반음식점'은 '음식류를 조리·판매하는 영업'으로 일반음식점에서 제공하는 식품은 위생상 위해 방지를 위하여 영업장 내에서 조리·제공되는 것을 원칙으로 하고 있으나, 음식점을 방문한 손님이 원하는 경우라면 서비스 차원에서 포장·판매가 가능할 것으로 판단됩니다.

일반음식점의 배달 및 포장·판매

Q. 질문

일반음식점 영업자가 조리한 음식을 상시 배달 및 포장 판매할 수 있나요? 음식점에서 김치를 포장·판매하거나, 젓갈 게장 등을 업장 내에 게시하여 상시 판매가 가능한가요?

A. 답변

「식품위생법」상 식품접객업(일반음식점)은 손님을 맞이하여 음식류를 조리·판매하는 영업으로 일반음식점에서 제공하는 식품은 위생상 위해 방지를 위하여 영업장 내에서 조리·제공되어야 하나 음식점을 방문한 손님이 원하는 경우 포장·판매가 가능합니다.

다만, 직접 제조·가공한 식품을 진열하여 포장·판매하기 위해서는 영업장 내에서 최종소비자에게 판매하는 즉석판매제조·가공업의 영업신고를 하여야 합니다.

일반음식점 상호명(1)

Q. 질문

일반음식점 상호명으로 '카페'라는 단어를 사용할 수 있나요?

A. 답변

「식품위생법」 시행규칙 제57조 관련 [별표 17] 6.식품접객업영업자의 준수사항 사목에 따라 '간판에는 동법 시행령 제21조에 따른 해당업종명과 허가를 받거나 신고한 상호를 표시하여야 하며, 이 경우 업종구분에 혼동을 줄 수 있는 사항은 표시하여서는 아니 된다'고 규정하고 있습니다.

'카페(cafe)'라는 상호명의 경우 주로 다류, 아이스크림류 등을 조리·판매하는 휴게음식점영업인 경우 사용이 가능하지만, 커피와 주류 및 식사류를 함께 판매하는 일반음식점의 경우에는 업종구분에 혼동을 줄 수 있으나, 식사류 및 주류를 함께 판매하는 업소 간판에 업종표기(일반음식점)를 분명히 한 상태라면 가능할 것 입니다.

일반음식점 상호명(2)

Q. 질문

일반음식점의 상호명으로 '싸롱'이란 단어가 사용 가능한가요?

A. 답변

「식품위생법」 시행규칙 제57조 관련 [별표 17] 6.식품접객업영업자의 준수사항 사목에 따라 '간판에는 동법 시행령 제21조에 따른 해당업종명과 허가를 받거나 신고한 상호를 표시하여야 하며, 이 경우 업종구분에 혼동을 줄 수 있는 사항은 표시하여서는 아니 된다'고 규정하고 있습니다.

따라서, 간판에 업종 표기(일반음식점)를 분명히 하는 등 필요한 조치를 하여 일반적인 소비자가 간판을 보고 신고한 업종이 아닌 타 업종으로 인식되지 않는 정도라면 가능할 것입니다.

일반음식점 상호명(3)

Q. 질문

상호명과 간판 브랜드로 '○○○제주한우'를 그대로 유지 하면서 제주산 한우와 호주산 한우를 병행 취급해도 되나요?

A. 답변

「식품위생법」제57조 관련 [별표 17] 6.식품접객업영업자의 준수사항 사목에 따라 "간판에는 동법 시행령 제21조에 따른 해당업종명과 허가를 받거나 신고한 상호를 표시하여야 하며, 이 경우 업종구분에 혼동을 줄 수 있는 사항은 표시하여서는 아니 된다."고 규정하고 있습니다.

이와 관련하여, 해당 영업장 내 메뉴게시판, 가격표 등으로 「농수산물의 원산지 표시에 관한 법률」에 따라 원산지(제주산, 호주산) 표시를 명확히 하고, 소비자가 직접 메뉴(제주산 또는 호주산)를 선택한다는 점을 감안할 때 사용 가능할 것으로 판단됩니다.

식품접객업에서 완제품 분할판매

Q. 질문

식품접객업소(제과점, 휴게음식점 등)에서 식품제조·가공업자가 생산한 완제품(빵류, 과자류 등)을 납품 받아 조리 과정 없이 단순히 분할 포장 또는 포장 없이 낱개로 진열·판매하는 행위가 가능한가요?

A. 답변

「식품위생법」 제10조에서는 표시기준이 정하여진 식품등은 그 기준에 맞는 표시가 없으면 판매하거나 판매할 목적으로 수입·진열·운반하거나 영업에 사용하여서는 아니 되도록 규정하고 있습니다.

또한, 같은 법 제3조 및 시행규칙 제100조(과태료 부과기준) 관련 [별표 27] 제1호 마목에서는 '제조·가공(수입품 포함)하여 최소판매 단위로 포장된 식품 또는 식품첨가물을 영업허가 또는 신고하지 아니하고 판매의 목적으로 포장을 뜯어 분할하여 판매한 경우'에 과태료를 부과하도록 규정하고 있습니다.

따라서, 식품제조·가공업자가 생산한 완제품을 조리과정 없이 포장을 뜯어 분할 판매하는 경우 「식품위생법」에 위반됩니다.

식품접객업 시설기준

Q. 질문

동일 층에 어린이놀이시설 및 식품접객업을 하려는 영업자가 출입구를 같이 사용하는 것이 가능한지 여부 및 주출입구 외에 별도로 각각의 출입구를 설치해야 되나요?

※ 「식품위생법」 제36조 시설기준 및 시행규칙 제36조 업종별 시설기준에 '식품접객업 영업장은 독립된 건물이거나 식품접객업의 영업허가 또는 영업신고를 한 업종 외의 용도로 사용되는 시설과 분리되어야 한다'로 명시되어 있음

A. 답변

「식품위생법」 제36조 및 시행규칙 36조에 따라 키즈시설과 휴게음식점을 함께 한다면, 휴게음식점 영업장은 키즈시설과 분리하여 식품접객업 영업시설기준을 충족하는 시설을 갖춘 뒤 휴게음식점 영업신고를 하여야 하며,

업종별 시설기준에 각각 출입구를 두어야 한다는 시설기준은 있지 않으나, 다른 종류의 시설과 분리하여야 하는 시설기준의 의미는 식품접객업을 분리하여 식품의 위생상 위해 발생 우려의 소지를 차단하기 위한 것으로 해석되는바,

각각 출입구를 두는 것이 좋을 것으로 판단되나 하나의 출입구만을 설치하더라도 위생상 문제가 없는지에 대하여는 현장 확인 등이 필요합니다.

일반음식점 영업행위에 해당하는지 여부

Q. 질문

술과 음료수만 판매하면서 술을 판매할 때에는 다듬은 야채 등 안주가 기본적으로 제공되는 경우 일반음식점 영업신고 대상에 해당 되나요?

A. 답변

「식품위생법」상 '일반음식점 영업'은 '음식류를 조리·판매하는 영업으로 식사와 함께 부수적으로 음주행위가 허용되는 영업'으로 규정하고 있으며, 「식품공전」 제7. 식품접객업소의 조리식품 등에 대한 기준·규격에서는 '조리식품'이란 '유통판매를 목적으로 하지 아니하고 조리 등의 방법으로 손님에게 직접 제공하는 모든 음식물(음료수, 생맥주 등 포함)'로 규정하고 있습니다.

따라서, 주방 및 객석을 갖추고 술과 함께 깎은 야채를 고추장 등과 제공하는 행위는 일반음식점 영업신고 대상입니다.

일반음식점 영업 대상 여부

Q. 질문

종합병원의 장례식장 부대시설에 설치된 음식 조리·제공 행위에 대하여 일반음식점 영업신고 대상인가요? 아니면 집단급식소 설치·운영신고 대상인가요?

A. 답변

「식품위생법」상 '일반음식점'이라 함은 '음식류를 조리·판매하는 영업으로서 식사와 함께 부수적으로 음주행위가 허용되는 영업'을 말하며, '집단급식소'는 영리를 목적으로 하지 아니하면서 특정 다수인(1회 50명이상)에게 계속하여 음식물을 공급하는 급식시설로서 기숙사, 학교, 병원, 「사회복지사업법」 제2조제4호의 사회복지시설, 산업체, 국가, 지방자치단체 및 「공공기관의 운영에 관한 법률」 제4조제1항에 따른 공공기관, 그 밖의 후생기관 등으로 규정하고 있습니다.

이와 관련하여 장례식장의 부대시설에서 음식류를 조리·제공하는 행위는 불특정 다수에게 음식 및 주류 등이 제공되는 점과 장례식비에 음식비용이 포함되어 있는 점 등을 감안할 때 영리를 추구하는 영업행위로 볼 수 있으므로 일반음식점 영업신고 하여야 합니다.

일반음식점 종업원의 도박행위

Q. 질문

일반음식점에서 영업이 끝나고 종업원들끼리 카드놀이를 하였는데 도박행위로 행정처분을 받게 되나요?

A. 답변

「식품위생법」 시행규칙 제57조 관련 [별표 17] 6.식품접객영업자 준수사항 제6호 다목에서는 "업소 안에서는 도박이나 그 밖의 사행행위 또는 풍기문란행위를 방지하여야 하며, 배달판매 등의 영업행위 중 종업원의 이러한 행위를 조장하거나 묵인하여서는 아니 된다"고 규정하고 있습니다.

동 규정을 위반하였을 경우 같은 법 시행규칙 제89조 관련 [별표 23] 행정처분 기준 Ⅱ.개별기준 3.식품접객업 제10호에 따라 영업정지 2개월(1차 위반) 처분을 받을 수 있습니다.

식품접객업소의 영업장 무단 확장

Q. 질문

식품접객업소에서 업소 내부 및 외부에 영업장을 확장하고 변경신고 없이 영업에 사용하는 경우 「식품위생법」에 따른 행정처분은 어떻게 되나요?

A. 답변

「식품위생법」 제37조 및 같은 법 시행령 제26조에서는 영업장 면적을 변경할 때에는 변경 신고를 하도록 규정하고 있으므로 영업장 면적을 변경하고 변경신고를 하지 않은 경우 행정처분은 '시정명령'에 해당합니다.

수질검사 부적합 판정 시 행정처분 차수적용

Q. 질문

식품접객업소의 수질검사 결과 총대장균군 검출로 부적합 판정되어 1차 행정처분(시설개수명령)을 받은 후 1년 이내에 수질검사를 한 결과 다른 항목(질산성질소 기준 초과)이 부적합 된 경우 행정처분 차수 적용은 어떻게 해야 하나요?

A. 답변

「식품위생법」시행규칙 제89조 관련 [별표 23] 행정처분기준 Ⅱ.3.식품접객업 8.사목에서는 '급수시설기준을 위반한 경우(수질검사결과 부적합 판정을 받은 경우를 포함한다)' 행정처분을 하도록 규정하고 있습니다.

1년 이내에 수질검사결과 재차 부적합 판정을 받은 경우 행정처분기준의 2차 위반을 적용하여야 할 것으로 판단되며, 행정청에서 시설개수 등의 조치가 적극 이루어지도록 하여 재차 부적합이 되지 않도록 관리하여야 합니다.

수질검사 기준 초과 시 행정처분

Q. 질문

식품접객업소의 접객용음용수(정수기물)에 대한 먹는물 수질 검사 결과 일반세균이 기준 초과 된 경우 및 접객용음용수 또는 지하수에서 노로바이러스 등 식중독균이 검출되었을 경우 행정처분 기준은 어떻게 되나요?

A. 답변

「식품위생법」 제7조에 의한 '식품공전' 제8.식품접객업소(집단급식소 포함)의 조리식품 등에 대한 기준·규격 2.원료기준 1) 원료의 구비요건 (2)항에서는 '식품의 조리, 먹는물 등으로 사용되는 물은 「먹는물 관리법」의 수질기준에 적합한 것이어야 하며, 노로바이러스가 검출되어서는 아니 된다(수돗물 제외)'고 규정하고 있음에 따라 식품접객업소에서 제공되는 먹는물(정수기물)이 먹는물 수질기준에 적합하지 아니하거나 노로바이러스가 검출된 경우 같은 법 시행규칙 제89조 [별표 23] 행정처분 기준 Ⅱ. 개별기준 3. 식품접객업 4호 파목(식품등의 원료기준 위반)을 적용하는 것이 타당할 것입니다.

또한, 식품접객업소 기준·규격 중 접객음용수 규격(대장균, 살모넬라, 여시니아엔테로콜리티카)을 위반 한 경우 [별표 23] 행정처분 기준 Ⅱ. 개별기준 3. 식품접객업 4호 아목 및 자목 각 1)(접객음용수 식중독균 및 대장균 검출기준 위반)을 적용하는 것이 타당합니다.

영업자 준수사항 위반 처분 적용

Q. 질문

휴게음식점에서 종업원으로 하여금 영업장을 벗어나 시간적 소요를 대가로 금품을 수수하거나 묵인한 행위를 한 것에 대해 경찰서에서 적발일(위반행위 발생일)로부터 1년이 경과한 후에 통보된 경우에도 행정처분이 가능한가요?

A. 답변

위반행위 발생시점이 1년 이상 경과한 사건이라도 적발기관이 행정처분기관에 위반행위를 통보하여 처분기관이 인지한 날로부터 처분 절차가 진행될 수 있으므로 1년이 경과하였더라도 인지한 시점에 처분을 진행하는 것이 타당할 것입니다.

* 위반자의 경우 특별히 처분이 없을 것이라고 기대할 만한 행정청의 행위나 특별 상황이 존재하는 것이 아니라면 1년 가량의 기간 경과만으로 정당한 신뢰(행정조치가 없을 것)가 형성된 것으로 보기 어려우므로 처분을 하는 것이 타당할 것임.

참고로, 대법원 판례(선고 88누6283판결, 붙임)에서는 1년 10개월 경과 후 처분(교통사고 택시 운송사업면허 취소)한 사항에 대해 취소처분이 행정에 대한 국민의 신뢰를 저버리고 국민의 법 생활의 안정을 해치는 것이어서 재량권의 범위를 일탈한 것이라고 보기 어렵다고 판시하고 있습니다.

신축건물 영업신고

Q. 질문

일반음식점으로 영업신고 된(5개소) 장소(지번)의 건물 노후로 건축물을 말소하고, 건물 신축 및 건축물 신규 등록을 한 경우와 관련하여 기존 일부 영업자(3개소)가 계속 영업을 하고자 하는 경우 기존 영업소에 대한 자진폐업 또는 직권 폐쇄조치 없이 신축 건물(동일 지번)에 신규 일반음식점 영업신고가 가능한건가요?

A. 답변

대법원 판결(1994.10.11. 선고 93누22678판결)에서는 '신축으로 종전 1층에서 영업을 하던 것을 지층에서 하게 되었다면 조리장, 객석 등 중요 영업시설의 변경이 있다고 하지 않을 수 없으므로 변경허가를 받아야 한다(요약)'고 판시하고 있습니다.

이와 관련하여 기존 영업자가 계속 영업하고자 하는 경우 판례를 고려할 때 「식품위생법」 시행규칙 제41조(허가사항 변경)에 따라 영업장 면적 등 변경허가를 하여야 할 것으로 판단되나, 일부 영업을 하지 않는 영업소에 대해서는 영업시설 전부 철거 등으로 영업소 폐쇄 조치를 하는 것이 타당할 것입니다.

지위승계 관련 처분 적용

Q. 질문

「식품위생법」 제39조(영업승계) 및 「식품위생법」 제44조제1항의 규정에 의거 식품접객업소 영업자(B)가 지위승계신고 미이행 및 도박행위로 적발되었을 경우 영업신고서상의 영업주(A)와 실제 영업주(B) 중 행정처분 대상자는 누구인가요?

A. 답변

대법원 판결('95.2.24. 선고94누9146판결, 붙임 참조)에서는 '사실상 영업이 양도·양수되었지만 아직 승계 신고 및 수리처분이 있기 전에는 여전히 종전의 영업자인 양도인이 영업허가자이고, 양수인은 영업허가자가 되지 못한다 할 것이어서 행정제재 처분은 영업허가자인 양도인을 기준으로 판단하여 양도인에 대하여 행하여야 할 것이고, 한편 양도인이 그의 의사에 따라 양수인에게 영업을 양도하면서 양수인으로 하여금 영업을 하도록 허가하였다면 그 양수인의 영업 중 발생한 위반행위에 대한 행정적인 책임은 영업허가자인 양도인에게 귀속된다고 보아야 할 것'이라고 판시하고 있으므로,

대법원 판결을 고려할 때 위반행위에 대한 행정재제는 양도인(A)에 대하여 행하여야 할 것으로 판단되나, 양수인(B)에 대하여는 신속히 영업지위 승계를 이행하도록 하여야 하고, 「식품위생법」 제78조(행정제재처분 효과 승계)에 따라 처분을 승계하는 것이 타당할 것입니다.

일반음식점 영업자의 준수사항

Q. 질문

일반음식점에서 식육 가격표 메뉴를 적을 때 주재료가 식육 종류(소고기, 돼지고기)와 식육부위별(갈비, 목살, 삼겹살) 중 어느 것으로 표시하여야 하나요?

A. 답변

「식품위생법」 시행규칙 제57조 「별표 17」 6호 터항 아목에 따르면 식육의 부위별 명칭은 가격표에 제시하도록 되어 있는바 이는 식품정보에 대한 세부사항을 고객에게 정확하고 명확하게 하도록 하는 규정으로 접객업소에서 식육 판매 시에는 손님이 이해하기 쉽도록 식육 부위명(목살, 갈비 등)의 중량과 가격을 표시하여야 합니다.

PC방 내 조리 행위의 범위

Q. 질문

PC방 운영자가 라면포트로 라면을 끓여 손님에게 판매하는 것이나 라면을 일회용기에 물을 부어 전자레인지에 돌려주는 행위가 허용 되나요?

동 사항이 영업신고 대상이라면 손님이 직접 데워 먹을 수 있도록 즉석식품인 컵밥류, 떡볶이 등을 판매하는 것은 허용 되나요?

A. 답변

「식품위생법」시행령 제21조에서 '휴게음식점'이란 "주로 다류(茶類), 아이스크림류 등을 조리·판매하거나 패스트푸드점, 분식점 형태의 영업 등 음식류를 조리·판매하는 영업으로서 음주행위가 허용되지 아니하는 영업. 다만, 편의점, 슈퍼마켓, 휴게소, 그 밖에 음식류를 판매하는 장소(만화가게 및 「게임산업진흥에 관한 법률」제2조제7호에 따른 인터넷컴퓨터게임시설제공업을 하는 영업소 등 음식류를 부수적으로 판매하는 장소를 포함한다)에서 컵라면, 일회용 다류 또는 그 밖의 음식류에 물을 부어 주는 경우는 제외한다."로 규정하고 있습니다.

이와 관련하여, 컵라면에 더운물을 부어주거나 소비자가 셀프서비스 방식으로 직접 전자레인지 등을 이용하여 간단조리 후 섭취하는 경우에는 별도의 영업신고 없이도 가능할 것으로 판단되나, 영업자가 식품을 개봉 후 조리행위(포트 등)를 하여 손님에게 제공하고자 하는 경우라면 식품위생법상 적법한 시설을 갖추고 영업신고 하여야 할 것으로 판단됩니다.

일반음식점에서 쿠키포장판매 시 별도 영업신고 대상 여부

Q. 질문

저희 뷔페음식점에서 조리·제공되는 쿠키가 인기가 있어, 별도로 포장하여 카운터 옆에 소량 진열하여 고객분들에게 판매하고자 하는데 별도 영업신고가 필요하나요?

A. 답변

「식품위생법」 제36조 및 같은 법 시행령 제21조에 따라 '일반음식점영업'은 "음식류를 조리·판매하는 영업으로서 식사와 함께 부수적으로 음주행위가 허용되는 영업"으로 규정하고 있으며, '제과점 영업'은 "주로 빵, 떡, 과자 등을 제조·판매하는 영업으로서 음주행위가 허용되지 아니하는 영업"으로 규정하고 있습니다.

이와 관련하여 일반음식점 영업형태와는 달리 쿠키를 제조·가공하여 별도 포장, 진열·판매하고자 하는 경우 제과점영업 등의 영업 신고를 하여야 합니다.

6. 단란주점영업 및 유흥주점영업

단란주점에서 커피 판매 가능

Q 질문

단란주점 영업 중에 낮 시간 대 커피 종류만 판매 가능한가요?

A 답변

「식품위생법」 시행령 제21조(영업의 종류)에 따르면 '단란주점영업'은 '주로 주류를 조리·판매하는 영업으로서 손님이 노래를 부르는 행위가 허용되는 영업'이고, '휴게음식점영업'은 '주로 다류, 아이스크림류 등을 조리·판매하거나 패스트푸드점, 분식점 형태의 영업 등 음식류를 조리·판매하는 영업으로서 음주행위가 허용되지 아니하는 영업'으로 명시되어 있습니다.

따라서, 단란주점에서 일정시간 동안 다류만 판매하는 행위는 상기 내용에 따라 부적절하다고 판단됩니다.

단란주점영업 명의변경 및 직권말소

Q. 질문

전 영업주가 행방불명되었는데, 현재 영업주가 명의변경을 하지 않았다는 이유로 행정처분을 받아야 하나요? 이 경우 현재 영업주로 변경할 방법이 있나요?

A. 답변

「식품위생법」제37조제7항에 따라 식품의약품안전처장 또는 특별자치도지사·시장·군수·구청장은 영업신고를 한 영업자가 「부가가치세법」제5조에 따라 관할세무서장에게 폐업신고를 하거나 관할세무서장이 사업자등록을 말소함이 확인된 경우에는 그 신고 사항을 직권으로 말소할 수 있도록 규정하고 있으며, 같은 법 제75조제3항의 규정에 의거 영업자가 정당한 사유 없이 6개월 이상 계속 휴업하는 경우 영업허가 취소 등을 명할 수 있도록 규정하고 있습니다.

따라서, 사업자 등록이 말소된 경우 직권으로 신고사항을 말소하거나 영업장 무단 멸실 등이 확인 된 경우 관할 행정관청의 처분 사전통지 등 적법한 절차에 의한 직권 폐업을 한 후, 「식품위생법」상 영업허가를 위한 절차를 진행할 수 있습니다.

유흥주점영업 지위 승계

Q. 질문

기존 업소(유흥주점영업)가 15년간 영업을 하지 않고 있는 경우와 관련하여 건물주가 업소를 리모델링하여 기존 영업자로부터 「식품위생법」 제39조에 따라 영업을 지위·승계 받고자 하는 신고·수리가 가능한가요?

※ 관청에서 직권 폐업 등 행정처분을 하지 않아 영업허가권이 살아 있음

A. 답변

「식품위생법」 제75조(허가취소 등) 제3호제1항에서는 '영업자가 정당한 사유 없이 6개월 이상 계속 휴업하는 경우'에 대해 시장·군수·구청장 등은 영업허가 또는 등록을 취소하거나 영업소 폐쇄를 명할 수 있도록 규정하고 있습니다.

관할 관청은 관내 업소에 대한 점검 등을 통해 동 조항에 해당하는 경우 영업허가 취소 등의 행정조치를 취할 수 있었던 점 등이 있으나, 현재 영업허가권이 살아 있는 경우로써 영업자 지위승계에 필요한 요건 등을 모두 갖추었다면 지위 승계에 대한 신고·수리가 가능할 것입니다.

유흥접객원 관리 및 건강진단

Q. 질문

유흥주점영업자(대표자)가 손님이 유흥접객원을 원할 경우 수시(일시적)로 유흥접객원을 직업소개소 등을 통하여 유흥접객원을 제공(서비스)한 경우 이들에 대한 종업원 명부를 기록해야 하는지 또한 이들이 건강진단을 받지 않고 종사할 경우 영업주에게도 종업원 건강진단서 미필로 인한 과태료를 부과할 수 있나요?

A. 답변

일시적으로 유흥접객원을 제공하는 경우도 고용으로 볼 수 있을 것으로 판단되므로 이에 해당하는 접객원도 종업원 명부에 기록하여 관리하여야 할 것입니다.

「식품위생법」 제40조(건강진단)제2항에 따라 건강진단을 받은 결과 타인에게 위해를 끼칠 우려가 있는 질병이 있다고 인정된 자는 그 영업에 종사하지 못하도록 규정하고 있습니다.

따라서, 건강진단을 받지 않은 유흥접객원을 고용한 영업자는 과태료 부과대상에 해당됩니다.

유흥주점영업에서 낮시간에 식사제공 등을 할 경우

Q. 질문

유흥주점영업에 해당하나 밤에만 영업하고, 점심시간에는 일반음식점영업을 할 수 있는가요?

A. 답변

「식품위생법」 시행령 제21조(영업의 종류)에 따르면 '유흥주점영업'은 '주로 주류를 조리·판매하는 영업으로서 손님이 노래를 부르는 행위가 허용되는 영업'이고, '일반음식점'은 '음식류를 조리·판매하는 영업으로서 식사와 함께 부수적으로 음주행위가 허용되는 영업'이라고 명시되어 있습니다.

따라서, 유흥주점 영업을 득하고 일정 시간대에 식사만 제공하여 영업하는 행위는 상기 내용에 따라 부적절하다고 판단됩니다.

7. 위탁급식영업, 집단급식소 및 영양사·조리사

위탁급식영업자가 식품 포장·판매 가능 여부

Q. 질문

위탁급식영업자가 가정간편식(김치찌개, 부대찌개 등)을 제조하여 포장·판매하려면 어떻게 해야 하나요?

A. 답변

「식품위생법」제2조 및 같은 법 시행령 제2조에 의거 "집단급식소"라 함은 영리를 목적으로 하지 아니하고 상시 1회 50인 이상의 특정다수인에게 계속하여 음식물을 공급하는 기숙사, 학교, 병원, 「사회복지사업법」제2조제4호의 사회복지시설, 산업체, 국가, 지방자치단체 및 「공공기관의 운영에 관한 법률」제4조제1항에 따른 공공기관, 그 밖의 후생기관 등을 말합니다.

따라서, 동 사업장에서 음식류(가정간편식)를 판매하는 형태는 영리 목적의 영업이므로 집단급식소 운영 범위에 해당되지 않음을 알려드리며, 이에 대한 영업을 하고자 하는 경우 집단급식소와 분리 구획한 후 적합한 영업신고를 하여야 합니다.

일반음식점의 식재료 위탁급식영업에 사용 가능 여부

Q. 질문

위탁급식영업에서 일반음식점으로부터 식재료를 납품받아 사용이 가능한가요? 식품 제조·가공업 A업체에서 만든 식재료를 일반음식점 B업체가 납품받아 위탁급식영업인 C업체에 최종적으로 납품할 경우, 해당 식재료를 사용하여도 되나요?

A. 답변

「식품위생법」에서는 집단급식소의 식재료 공급 단계의 위생관리 강화를 위해 집단급식소에 식품을 판매하는 영업(집단급식소 식품판매업)을 관리하고 있습니다.

또한, 집단급식소에서 사용되는 식재료가 위생적으로 관리되지 아니하는 경우 대량의 식중독 사고가 발생할 우려가 있어 집단급식소에서 사용되는 식재료는 위생적으로 관리되어야 하며, 식중독 발생 시 원인식품의 확산을 방지하기 위해 집단급식소 식품판매업 영업 신고한 자가 집단급식소에 식재료 공급을 하도록 규정하고 있습니다.

따라서, 일반음식점 영업신고를 한 영업장에서 제공 받은 식재료를 급식에 사용하는 것은 바람직하지 않습니다.

위탁급식영업 시 커피류 판매 가능 여부

Q. 질문

위탁급식영업자가 위탁급식계약서 상에 직원 후생차원의 카페 운영방법을 명시하고, 신고 된 영업장 내에서 회사 직원들에게만 커피류를 판매해도 되나요?

A. 답변

「식품위생법」 상 집단급식소에서의 통상의 '식사'의 범위를 벗어나는 커피등의 다류를 주로 판매하는 영업을 하기 위해서는 별도의 휴게음식점 영업신고를 하여야 하며, 영업신고 시 건축법 등 타 법령에 저촉되지 않아야 합니다.

건축물 용도 상 영업신고 가능 여부

Q. 질문

건축물 용도가 가설건축물 및 공장 용도인 집단급식소 내에 위탁급식영업에 대한 영업신고·수리가 가능한가요?

A. 답변

위탁급식영업은 집단급식소를 설치·운영하는 자와의 계약에 따라 그 집단급식소에서 음식류를 조리하여 제공하는 식품접객업의 한 종류로 하나의 사무소에서 득한 위탁급식영업 신고를 바탕으로 여러 업체를 관리하는 경우 사무소에 대한 건축물 용도 확인 등 「식품위생법」 시행규칙 제42조에 따라 영업신고 절차를 준수하여야 합니다.

다만, 위탁급식영업자가 집단급식소에 개별사업소 단위로 영업을 신고하는 경우 집단급식소 설치·운영 신고가 우선적으로 선행되어 있어 별도의 용도 변경 없이 영업신고가 가능할 것입니다.

아울러, 가설건축물에서 위탁급식영업 신고 시 「건축법」 등 타법 저촉사항이 없고 「식품위생법」 상 시설기준 등을 준수하였다면 신고 수리 가능합니다.

집단급식소 1회급식인원 기준(1)

Q 질문

집단급식소의 기준이 1회 50명 이상에게 식사를 제공하는 경우라고 규정되어 있는데 식사인원은 50명이 될 때도 있고 안 될 때도 있습니다. 그리고 어느 날은 조식은 10명, 중식은 55명, 석식은 15명이며 또 다른 날에는 조식 15명, 중식 45명, 석식 10명으로 매일매일 변동되고 있습니다. 집단급식소 설치·운영신고 대상인가요?

A 답변

「식품위생법」제2조 및 같은 법 시행령 제2조에 따라 '집단급식소'라 함은 영리를 목적으로 하지 아니하면서 특정 다수인(1회 50명이상)에게 계속하여 음식물을 공급하는 급식시설로서 기숙사, 학교, 병원, 「사회복지사업법」제2조제4호의 사회복지시설, 산업체, 국가, 지방자치단체 및 「공공기관의 운영에 관한 법률」제4조제1항에 따른 공공기관, 그 밖의 후생기관 등을 말하는 것으로 규정하고 있습니다.

따라서, 1일 조·중·석식 중 가장 많은 급식 인원을 1주일간 평균하여 '1회 급식인원이 50인 이상'이 되는 경우 집단급식소 설치·운영 대상입니다.

집단급식소 1회급식인원 기준(2)

Q. 질문

노인요양시설인데 조리는 한 곳에서 하며 식사는 각자의 방 또는 식당에서 합니다. 식당에서 식사하는 인원은 20여명, 각자의 방에서 식사인원 35명, 이런 경우 50명 이상 집단급식소로 분류 되나요?

A. 답변

「식품위생법」 시행령 제2조에 따라 집단급식소는 1회 50명 이상에게 식사를 제공하는 급식소라고 규정하고 있습니다.

'1회 50명 이상'이라 함은 통상적으로 1회에 급식을 제공하는 인원을 의미하는 것으로 식당과 방에서 급식 인원이 실제 50명 이상인 경우 집단급식소 설치·운영이 필요할 것입니다.

집단급식소 설치·운영신고 대상 여부
(아파트 주민공동시설)

Q. 질문

아파트입주자대표회의를 대표자로 하여 아파트 주민공동시설에서 비영리적으로 아파트 입주민에게 계속하여 식사를 제공(1식 100명 정도)할 경우 집단급식소 설치 신고가 가능한가요?

A. 답변

「식품위생법」제2조 및 같은 법 시행령 제2조에 의하면 '집단급식소'라 함은 영리를 목적으로 하지 아니하면서 특정 다수인(1회 50명이상)에게 계속하여 음식물을 공급하는 급식시설로서 기숙사, 학교, 병원, 「사회복지사업법」제2조제4호의 사회복지시설, 산업체, 국가, 지방자치단체 및 「공공기관의 운영에 관한 법률」제4조제1항에 따른 공공기관, 그 밖의 후생기관 등을 말하는 것으로 규정하고 있습니다.

이와 관련하여 아파트 입주민들의 복리후생(비영리, 이용자의 편의추구)을 위하여 아파트입주자대표회의가 운영하는 주민공동시설에서 비영리적으로 계속하여 식사를 제공하는 급식시설이라면 집단급식소를 설치·운영하도록 하는 것이 타당할 것입니다.

집단급식소 설치·운영신고 대상 여부
(급식인원 50인 미만)

Q. 질문

병원, 기업체 식당에서 직원만 이용하고, 상시 급식인원인 20~30명인 경우와 관련하여 집단급식소 설치·운영신고를 하고자 하는 경우에 신고·수리가 가능한가요?

A. 답변

「식품위생법」제2조 및 같은 법 시행령 제2조에 따라 '집단급식소'라 함은 영리를 목적으로 하지 아니하면서 특정 다수인(1회 50명이상)에게 계속하여 음식물을 공급하는 급식시설로서 기숙사, 학교, 병원, 「사회복지사업법」제2조제4호의 사회복지시설, 산업체, 국가, 지방자치단체 및 「공공기관의 운영에 관한 법률」제4조제1항에 따른 공공기관, 그 밖의 후생기관 등을 말하는 것으로 규정하고 있습니다.

상기 규정은 집단급식소 설치에 대한 최소한의 규정이라 할 수 있으며 이와 관련하여 50인 미만이라도 영리 목적으로 하지 아니하면서 병원, 산업체 직원들의 복리후생(비영리, 이용자의 편의 추구)을 위하여 집단급식소를 설치 운영하고자 신고하는 경우에도 이를 신고 수리하여 관리할 수 있습니다.

집단급식소 설치·운영신고 대상 여부
(식당가가 있는 기업관)

Q. 질문

식당가가 포함된 기업관 전체(소기업관 외에도 대기업관 및 중기업관까지 포함)를 대상으로 집단급식소 공동 설치·운영이 가능한가요?

A. 답변

「식품위생법」 제2조 및 같은 법 시행령 제2조에 따라 '집단급식소'라 함은 영리를 목적으로 하지 아니하면서 특정 다수인(1회 50명이상)에게 계속하여 음식물을 공급하는 급식시설로서 기숙사, 학교, 병원, 「사회복지사업법」 제2조제4호의 사회복지시설, 산업체, 국가, 지방자치단체 및 「공공기관의 운영에 관한 법률」 제4조제1항에 따른 공공기관, 그 밖의 후생기관 등으로 규정하고 있습니다.

동 규정에 따라 직원들의 복리후생을 위해 급식시설을 운영하고자 하는 경우 공동으로 집단급식소 설치·운영이 가능할 것입니다.

집단급식소 설치·운영신고 대상 여부
(의무경찰 급식시설)

Q. 질문

군복무를 대체하는 의무경찰 기동중대 급식시설이 집단급식소 설치·운영신고 대상에 해당하나요?

A. 답변

「식품위생법」 제2조 및 같은 법 시행령 제2조에 따라 '집단급식소'는 영리를 목적으로 하지 아니하면서 1회 50인 이상의 특정다수인에게 계속하여 음식물을 공급하는 기숙사, 학교, 병원, 「사회복지사업법」 제2조제4호의 사회복지시설, 산업체, 국가·지방자치단체 및 「공공기관의운영에관한법률」 제4조제1항에 따른 공공기관 및 그 밖의 후생기관 등의 급식시설로 규정하고 있습니다.

이와 관련하여 의무 경찰은 군복무를 대체하지만 「군인복지기본법」 등을 적용받지 않고 「전투경찰대설치법」을 적용받고 있으며, 기동대 형식으로 운영되는 의무경찰 중대는 영리를 목적으로 하지 않으면서 특정다수인에게 계속하여 음식물을 공급하는 국가 공익 업무를 수행하는 곳이므로 집단급식소 설치·운영신고 대상으로 보는 것이 타당할 것입니다.

집단급식소 무신고 행정처분

Q. 질문

'13.10.22일 집단급식소 무신고로 과태료 처분받은 업소가 '14.2월 동일한 재위반 사항(무신고)에 대하여 과태료 부과처분이 가능한가요?

A. 답변

「식품위생법」 제101조에 따라 집단급식소 무신고로 과태료 부과 받은 후 동일 사항을 이행하지 않았다면 같은 조항으로 재처분이 가능합니다.

집단급식소 공동관리(1)

Q. 질문

산업단지 내의 인근 50인 미만 소규모 사업체에 대하여 공동으로 집단급식소 설치·운영(위탁) 신고가 가능한가요?

A. 답변

「식품위생법」 제2조 및 같은 법 시행령 제2조에 따라 '집단급식소'라 함은 영리를 목적으로 하지 아니하면서 특정 다수인(1회 50명이상)에게 계속하여 음식물을 공급하는 급식시설로서 기숙사, 학교, 병원, 「사회복지사업법」 제2조제4호의 사회복지시설, 산업체, 국가, 지방자치단체 및 「공공기관의 운영에 관한 법률」 제4조제1항에 따른 공공기관, 그 밖의 후생기관 등을 말하는 것으로 규정하고 있습니다.

상기 규정은 집단급식소 설치에 대한 최소한의 인원을 규정한 것이라고 볼 수 있으므로 50명 미만이라도 영리 목적으로 하지 아니하면서 산업체 직원들의 복리후생(비영리, 이용자의 편의 추구)을 위하여 공동으로 집단급식소를 설치·운영하고자 신고하는 경우 이를 수리하여 관리할 수 있습니다.

집단급식소 공동관리(2)

Q. 질문

「건축법」 용도제한으로 일반음식점 영업이 허용되지 않는 지역의 소규모 산업체에 대해 공동 집단급식소 설치·운영이 가능한가요?

A. 답변

「식품위생법」 제2조 및 같은 법 시행령 제2조에 따라 '집단급식소'라 함은 영리를 목적으로 하지 아니하면서 특정 다수인(1회 50명이상)에게 계속하여 음식물을 공급하는 급식시설로서 기숙사, 학교, 병원, 「사회복지사업법」 제2조제4호의 사회복지시설, 산업체, 국가, 지방자치단체 및 「공공기관의 운영에 관한 법률」 제4조제1항에 따른 공공기관, 그 밖의 후생기관 등을 말하는 것으로 규정하고 있습니다.

이와 관련하여 집단급식소 설치·운영 신고 시 신고서에 공동관리 여부를 체크하여 공동 관리할 수 있도록 하고 있으므로 산업체 직원들의 복리후생(비영리, 이용자의 편의 추구)을 위한 경우 인근 소규모 산업체에 대하여 공동으로 집단급식소를 운영하도록 할 수 있습니다.

집단급식소에서 식중독 발생 시 처분 적용

Q. 질문

집단급식소(학교)에서 급식 후 식중독 환자가 발생한 경우 집단급식소에 대한 처분 및 조리사에 대한 처분이 가능하나요?

A. 답변

「식품위생법」제88조(집단급식소) 제2항에서는 식중독환자가 발생하지 아니하도록 위생관리를 철저히 하도록 규정하고 있음에 따라 이를 위반하여 식중독을 발생하게 한 집단식식소의 설치·운영자에 대해서는 같은 법 제101조에 따라 과태료를 부과하여야 할 것입니다.

또한, 같은 법 제80조(면허취소 등) 제1항제3호에서는 조리사가 식중독이나 그 밖에 위생과 관련한 중대한 사고 발생에 직무상의 책임이 있는 경우 업무정지를 명할 수 있도록 규정하고 있음에 따라 동 식중독사고 발생에 조리사가 직무상의 책임이 있다고 귀 시에서 확인한 경우 조리사에 대한 처분이 가능할 것입니다.

개별법에 따른 영양사(조리사)고용

Q. 질문

「식품위생법」에 따른 집단급식소 조리사 및 영양사 의무고용과 관련하여 「노인복지법」, 「영유아보육법」, 「장애인복지법」에 따른 영양사, 조리원, 취사부 고용에 대한 법 적용 기준은 어떻게 되나요?

A. 답변

「식품위생법」 제2조 및 같은 법 시행령 제2조에 따라 '집단급식소'는 영리를 목적으로 하지 아니하면서 1회 50인 이상의 특정다수인에게 계속하여 음식물을 공급하는 기숙사, 학교, 병원, 「사회복지사업법」 제2조제4호의 사회복지시설, 산업체·국가,지방자치단체 및 「공공기관의운영에관한법률」 제4조제1항에 따른 공공기관 및 그 밖의 후생기관 등의 급식시설로 규정하고 있습니다.

이때 1회 50인 이상이라 함은 실제 급식인원(종사자 등 포함)을 말하는 것으로 노인요양시설 및 어린이집, 장애인복지시설 등이 집단급식소인 경우 「식품위생법」 제51조(조리사) 및 제52조(영양사)에 의거 조리사와 영양사를 두어야 합니다.

다만, 「영유아보육법」, 「노인복지법」에서 기준을 달리 두고 있는 경우에는 집단급식소 설치·운영자가 선택하여 적용이 가능할 것입니다.

영양사 의무고용 및 공동관리

Q. 질문

대학교 단체급식과 같이 한 학교에서 두 곳의 위탁급식영업신고가 있을 경우 영양사를 2명 의무고용 해야 하나요? 아니면 한 영양사가 두 곳 모두 공동관리가 가능한가요?

A. 답변

「식품위생법」 개정(2013.5.22)사항과 관련하여 집단급식소 운영자 자신이 영양사로서 직접 영양 지도를 하는 경우, 1회 급식인원 100명 미만의 산업체인 경우, 제51조제1항에 따른 조리사가 영양사의 면허를 받은 경우에 해당하는 경우에는 영양사를 두지 아니하여도 된다고 개정되었으며,

또한, 집단급식소 운영자 자신이 조리사로서 직접 음식물을 조리하는 경우, 1회 급식인원 100명 미만의 산업체인 경우, 제52조제1항에 따른 영양사가 조리사의 면허를 받은 경우에 해당하는 경우에는 조리사를 두지 아니하여도 된다고 개정됨에 따라 상기 두 경우에 해당되지 않는 영양사·조리사 의무고용 집단급식소에서는 집단급식소 별로 영양사 및 조리사를 두어야 합니다.

위탁급식영업 시 영양사 의무고용

Q. 질문

집단급식소가 위탁급식영업자와 계약하여 운영하는 경우, 위탁업체의 영양사만으로 운영이 가능한가요? 또한, 위탁급식 영업자와 계약하여 운영되는 집단급식소에서 조리사, 영양사의 고용책임은 누구에게 있으며, 미고용 시 법적 책임은 어느 쪽에 있으며, 처벌 기준은 어떻게 되나요?

A. 답변

「식품위생법」에 따라 '집단급식소'는 영리를 목적으로 하지 아니하면서 특정 다수인에게 계속하여 음식물을 공급하는 급식시설로서 기숙사, 학교, 병원, 「사회복지사업법」 제2조제4호의 사회복지시설, 산업체, 국가, 지방자치단체 및 「공공기관의 운영에 관한 법률」 제4조제1항에 따른 공공기관, 그 밖의 후생기관 등을 말합니다.

아울러, 「식품위생법」 상 집단급식소를 설치·운영하는 자는 「식품위생법」 제37조 위탁급식영업신고를 한 영업자와의 계약 체결을 통해 집단급식소의 운영이 가능하며 같은 법 제51조 및 제52조에 따른 집단급식소 영양사와 조리사를 두도록 규정하고 있으므로, 영양사와 조리사 고용의 법적의무는 원칙적으로 집단급식소의 설치·운영자에게 있습니다.

다만, 하나의 위탁급식업체와 계약한 경우로서 위탁급식업체가 영양사와 조리사를 고용한 경우 급식소는 영양사와 조리사를 둔 것으로 볼 수 있을 것입니다.

영양사·조리사의 상시근무 및 공동관리

Q. 질문

위탁 급식 업체에 위탁하여 당사로 반입 후 배식하고 밥만 당사 급식소에서 가공할 때, 당사 급식소에서 음식물을 가공하지 아니하는데도 영양사와 조리사가 선임, 상주하여야 하나요? 또한, 위탁 급식 업체에 영양사와 조리사를 선임, 상주하며 1명의 영양사가 여러 곳의 회사를 관리하는 방식으로 운영이 가능한가요?

A. 답변

「식품위생법」상 집단급식소를 설치·운영하는 자는 「식품위생법」 제37조 위탁급식 영업신고를 한 영업자와의 계약 체결을 통해 집단급식소의 운영이 가능하며 같은법 제51조 및 제52조에 따른 집단급식소 영양사와 조리사를 두도록 규정하고 있으므로, 영양사와 조리사 고용의 법적의무는 원칙적으로 집단급식소의 설치·운영자에게 있습니다.

다만, 하나의 위탁급식업체와 계약한 경우로서 급식업체가 영양사와 조리사를 고용한 경우 급식소는 영양사와 조리사를 둔 것으로 볼 수 있습니다.

아울러, 영양사는 식단 작성, 검식 및 배식 관리, 구매식품 검수 및 관리, 급식시설 위생적 관리, 급식소 운영일지 작성 등 식품이 위생적으로 취급되어 지도록 상주하여 직무를 책임지고 수행하여야 하며, 조리사는 구매식품의 검수 지원, 급식설비 및 기구의 위생·안전 실무 등에 관한 사항에 대해 상주하여 직무를 책임지고 수행하여야 함에 따라 여러 곳의 회사를 관리하는 방식으로 운영하는 것은 가능하지 않습니다.

영양사 · 조리사 면허 모두 소지자 갈음 가능 여부

Q. 질문

영양사가 조리사 면허증을 소지하고 있다면 영양사 한 사람만 배치를 하여 운영가능한가요?

A. 답변

「식품위생법」 제51조에 따라 집단급식소 운영자 자신이 조리사로서 직접 음식물을 조리하는 경우, 1회 급식인원 100명 미만의 산업체인 경우, 제52조제1항에 따른 영양사가 조리사의 면허를 받은 경우에 해당하는 경우에는 조리사를 두지 아니하여도 된다고 규정하고 있습니다.

집단급식소 설치대상이 아닌 자
유통기한 경과제품 보관 시 처분

Q. 질문

10명 입소 노인요양시설로 집단급식소 설치대상이 아닌 시설의 운영자가 조리·제공 목적으로 유통기한이 경과한 냉동식품(11종)을 냉장고에 보관한 경우 「식품위생법」에 따른 처벌 조항 무엇인가요?

A. 답변

「식품위생법」 제3조(식품등의 취급)에서는 '누구든지 판매를 목적으로 식품 등을 채취·제조·가공·사용·조리·저장·소분·운반 또는 진열을 할 때에는 깨끗하고 위생적으로 하여야 한다'고 규정하고 있으며, 같은 법 시행규칙 제2조 관련 [별표 1] 식품등의 위생적 취급 기준 제7호에서는 '유통기한이 경과된 식품 등을 판매하거나 판매할 목적으로 진열·보관하여서는 아니 된다'고 규정하고 있음에 따라 누구든지 이를 위반한 경우 같은 법 제101조(과태료)를 적용할 수 있을 것입니다.

8. 허위표시·과대광고

허위표시 · 과대광고
(질병효과)

Q. 질문

건강즙을 만들어 파는 인터넷쇼핑몰 카테고리에 건강정보란을 개설하여 소비자에게 정보제공 시 "양배추가 위질환에 좋다"라는 일반적으로 공론화된 정보를 출처를 밝히고 기사화 된 글을 올렸을 때 이것이 과대광고에 해당되나요?

A. 답변

「식품위생법」 제13조 및 같은 법 시행규칙 제8조에 따라 누구든지 용기·포장 및 라디오·텔레비젼·신문·잡지·음악·영상·인쇄물·간판·인터넷, 그 밖의 방법으로 식품 등의 명칭·제조방법·품질·영양가·원재료·성분 또는 사용에 대한 정보를 나타내거나 알리는 행위를 할 때에는 식품이 질병의 예방 및 치료에 효능·효과가 있거나 소비자가 건강기능식품으로 오인·혼동할 수 있는 특정 성분의 기능 및 작용에 관한 표시·광고는 허위·과대광고로 규정하고 있습니다.

따라서, 식품등에 대한 정보를 나타내거나 알리는 행위를 함에 있어 질병 효능 등이 있다는 사이트를 링크하거나 출처를 표현하는 경우도 소비자로 하여금 식품이 그러한 질병에 효능이 있다는 것으로 오인·혼동할 수 있는 사항으로 허위·과대광고에 해당됩니다.

허위표시 · 과대광고
(안티에이징 표현)

Q. 질문

식품으로 인한 효능에 "안티에이징"이라는 표현이 과대광고에 해당하나요?

A. 답변

「식품위생법」 제13조(허위표시 등의 금지) 및 같은 법 시행규칙 제8조의 규정에 따라 누구든지 용기·포장 및 라디오·텔레비젼·신문·잡지·음악·영상·인쇄물·간판·인터넷, 그 밖의 방법으로 식품 등의 명칭·제조방법·품질·영양가·원재료·성분 또는 사용에 대한 정보를 나타내거나 알리는 행위를 할 때에는 질병의 예방 및 치료에 효능·효과가 있거나 의약품 또는 건강기능식품으로 오인·혼동할 우려가 있는 내용의 표시·광고 또는 소비자를 오인·혼동시킬 수 있는 표시·광고 등은 허위·과대광고로 규정하고 있으므로, '안티에이징'이라는 표현은 동 규정에 저촉되어 사용하여서는 아니 됩니다.

허위표시 · 과대광고
(신진대사 등 효과)

Q. 질문

효소분말 제품에 대한 광고 문구 중 "우리 몸의 다양하고 복잡한 신진대사와 소화에 도움을 주는 제품입니다", "소화하기 어려운 상태의 식품을 잘 소화하게 돕고 체질의 상성화를 막아주는 효소", "체감효소로 신진대사를 활성화 시켜주어 균형 잡힌 신체를 유지해주세요." 등이 과대광고에 해당하나요?

A. 답변

「식품위생법」 제13조 및 같은 법 시행규칙 제8조에 따라 누구든지 용기·포장 및 라디오·텔레비젼·신문·잡지·음악·영상·인쇄물·간판·인터넷, 그 밖의 방법으로 식품 등의 명칭·제조방법·품질·영양가·원재료·성분 또는 사용에 대한 정보를 나타내거나 알리는 행위를 할 때에는 식품이 질병의 예방 및 치료에 효능·효과(질병의 특정적인 징후 또는 증상에 대한 효과가 있다는 내용 포함)가 있거나 의약품 또는 건강기능식품으로 오인·혼동할 우려가 있는 내용 등의 표시·광고는 허위·과대광고로 규정하고 있습니다.

효소분말 제품 섭취 시 신진대사활성 및 균형 잡힌 신체가 되는 것으로 소비자가 오인·혼동할 우려가 있어 상기 규정에 따라 적절하지 않을 것으로 판단됩니다.

허위표시 · 과대광고
(원재료의 효능)

Q. 질문

개똥쑥환에 관련된 내용으로 원재료인 개똥쑥을 설명하는 문구 중 암저널(Cancer Letters)에 발표된 내용 중에 여러 가지 학술적 내용과 암세포를 1200배 파괴한다는 연구자료를 기재하는 경우 허위 · 과대광고로 볼 수 있나요?

A. 답변

「식품위생법」 제13조 및 같은 법 시행규칙 제8조에 따라 누구든지 용기 · 포장 및 라디오 · 텔레비전 · 신문 · 잡지 · 음악 · 영상 · 인쇄물 · 간판 · 인터넷, 그 밖의 방법으로 식품 등의 명칭 · 제조방법 · 품질 · 영양가 · 원재료 · 성분 또는 사용에 대한 정보를 나타내거나 알리는 행위를 할 때에는 식품이 질병의 예방 및 치료에 효능 · 효과가 있거나 의약품 또는 건강기능식품으로 오인 · 혼동할 우려가 있는 내용 표시 · 광고, 제품의 제조방법 · 품질 · 영양가 · 원재료 · 성분 또는 효과와 직접적인 관련이 적은 내용을 강조함으로써 다른 업소의 제품을 간접적으로 다르게 인식하게 하는 표시 · 광고 등은 허위 · 과대광고로 규정하고 있습니다.

또한, 「식품위생법」 시행규칙 제6조제2항과 관련된 [별표 3]에 의거하여 특정질병을 지칭하지 아니하는 단순한 권장내용의 표현은 허위표시 · 과대광고로 보지 아니하고 있습니다.

다만, 당뇨병 · 변비 · 암 등 특정질병을 지칭하거나 질병(군)의 치료에 효능 · 효과가 있다는 내용이나 질병의 특징적인 징후 또는 증상에 대하여 효과가 있다는 내용 등의 표현을 하여서는 아니 됩니다.

허위표시 · 과대광고
(다이어트 내용)

Q 질문

다이어트식품(건강기능식품, 특수용도식품 아님) 임상실험을 통해 체지방감량, 내장지방감량, 허벅지 인치 감소 등의 효과를 보여주는 데이터를 인터넷상으로 광고할 수 있나요?

A 답변

「식품위생법」 제13조(허위표시 등의 금지) 및 같은 법 시행규칙 제8조의 규정에 따라 식품 등의 명칭·제조방법·품질·영양가·원재료·성분 또는 사용에 대한 정보를 나타내거나 알리는 행위를 하면서 의약품 또는 건강기능식품으로 오인·혼동할 우려가 있는 내용의 표시·광고, 소비자를 기만하거나 오인·혼동시킬 수 있는 표시·광고 등은 허위표시·과대광고에 해당되므로, 일반식품에 대해 체지방 및 내장지방감량 등의 특정 기능성을 표현하여 광고하여서는 아니 됩니다.

허위표시 · 과대광고
(블로그 이용)

Q. 질문

블로그를 판매 목적이 아닌 정보공유(원재료의 질병 예방 효과)를 위해서 운영을 해보려고 하는데 이것이 과대광고에 해당되나요?

A. 답변

「식품위생법」 제13조 및 같은 법 시행규칙 제8조에 따라 누구든지 용기·포장 및 라디오·텔레비전·신문·잡지·음악·영상·인쇄물·간판·인터넷, 그 밖의 방법으로 식품 등의 명칭·제조방법·품질·영양가·원재료·성분 또는 사용에 대한 정보를 나타내거나 알리는 행위를 할 때에는 식품이 질병의 예방 및 치료에 효능·효과가 있거나 의약품 또는 건강기능식품으로 오인·혼동할 우려가 있는 내용 등의 표시·광고는 허위·과대광고로 규정하고 있으므로, 블로그를 운영하면서 원재료 등에 대한 질병의 효능 효과 등에 대한 내용이 포함되는 경우에도 허위·과대광고에 해당합니다.

허위표시 · 과대광고
(질병정보를 알리는 행위)

Q. 질문

건강식품을 인터넷으로 판매하고자 쇼핑몰 메인페이지 카테고리란에 건강정보, 해독요법, 면역요법 등을 나열하였습니다. 암과 질병 등에 관계된 정보가 있는 경우 '쇼핑몰 사이트 내용구성'이 과대광고에 해당하나요?

A. 답변

「식품위생법」제13조 및 같은 법 시행규칙 제8조에 따라 누구든지 용기·포장 및 라디오·텔레비젼·신문·잡지·음악·영상·인쇄물·간판·인터넷, 그 밖의 방법으로 식품 등의 명칭·제조방법·품질·영양가·원재료·성분 또는 사용에 대한 정보를 나타내거나 알리는 행위를 할 때에는 식품이 질병의 예방 및 치료에 효능·효과가 있거나 의약품 또는 건강기능식품으로 오인·혼동할 우려가 있는 내용 등의 표시·광고는 허위표시·과대광고로 규정하고 있습니다.

일반 식품에 대하여 쇼핑몰 구성 내용에 특정 질병 예방 및 치료에 효과가 있다는 내용 등에 대해 알리는 행위를 한 경우 허위표시·과대광고에 해당합니다.

허위표시 · 과대광고
(다이어트, 디톡스)

Q. 질문

과채음료를 판매하고자 합니다. 이 때, 'diet' 또는 'detox diet'라는 단어를 사용하여 광고하여도 괜찮은가요?

A. 답변

「식품위생법」제13조 및 같은 법 시행규칙 제8조에 따라 누구든지 용기·포장 및 라디오·텔레비젼·신문·잡지·음악·영상·인쇄물·간판·인터넷, 그 밖의 방법으로 식품 등의 명칭·제조방법·품질·영양가·원재료·성분 또는 사용에 대한 정보를 나타내거나 알리는 행위를 할 때에는 식품이 질병의 예방 및 치료에 효능·효과가 있거나 의약품 또는 건강기능식품으로 오인·혼동할 우려가 있는 내용 표시·광고, 식품 등의 영양가, 성분, 용도 등과 다른 내용의 표시·광고 등을 허위표시·과대광고로 규정하고 있습니다.

이와 관련하여 일반식품에 'diet, detox'로 광고하는 경우, 해당 제품을 섭취 시 살이 빠지는 효과가 있는 제품, 소비자가 해당식품을 섭취하면 체내 독소나 노폐물이 제거되는 등 '해독'의 의미로 오인·혼동할 우려가 있어 상기 규정에 따라 적절하지 않을 것으로 판단됩니다.

허위표시 · 과대광고
(가공식품 원재료의 효능 광고)

Q. 질문

식품제조 · 가공업소에서 부추즙, 브로콜리즙, 익모초 환제품을 제조 · 가공하여 판매하면서 자사 홈페이지에 부추, 양배추, 익모초 등 원재료에 대한 효능을 고서 등을 인용(질병명 거론하지 않음)하여 광고한 경우 「식품위생법」 제13조(허위표시 등의 금지) 위반에 해당되나요?

※ 홍보 문구 : 부추는 피를 맑게 해주고 허약체질을 개선시켜주고 여성분들의 나쁜 피를 배출시켜 냉한체질을 개선시키게 도와준다. 양배추는 위와 장이 편안해지고 피의 흐름을 맑게 하여 혈액순환에 좋고 피부트러블을 개선해준다. 익모초는 부인과 질환에 좋은 약초, 특히 자궁 쪽 순환 장애에 좋다. 동의보감에서는 임신과 산후의 여러 가지 병을 잘 낫게 하고 월경을 고르게 하고 부인들에게 좋은 약이다. 등

A. 답변

「식품위생법」 제13조에서는 누구든지 식품 등에 대한 정보를 나타내거나 알리는 행위를 함에 있어 질병의 예방 또는 치료에 효능 · 효과가 있다거나 건강기능식품으로 오인 · 혼동할 우려가 있는 내용 등의 표시 · 광고를 허위표시 · 과대광고 행위로 규정하고 있으며 또한, 같은 법 시행규칙 제8조 관련 [별표 3] 허위표시 · 과대광로 보지 아니 하는 표시 및 광고의 범위에서는 특정질병을 지칭하지 아니하는 단순한 권장 내용은 유용성의 표현으로 가능하나 질병의 특징적인 징후 또는 증상에 대하여 효과가 있다는 내용 등의 표현을 하여서는 아니 되도록 규정하고 있습니다.

가공식품을 판매하면서 해당식품에 사용된 원료에 대해 질병 치료 등의 효과를 표시 · 광고하는 행위는 상기 규정은 위반한 것으로 볼 수 있습니다.

허위표시 · 과대광고
(홈페이지 광고)

Q. 질문

유통전문판매업(통신판매업)자가 자사 인터넷 홈페이지를 만들어 식품광고를 하면서 '약성이 좋다, 약효가 뛰어나다'는 표현을 한 경우 「식품위생법」 제13조 위반에 해당 되나요?

A. 답변

「식품위생법」 제13조(허위표시 등의 금지) 및 같은 법 시행규칙 제8조에서는 누구든지 식품 등에 대한 정보를 나타내거나 알리는 행위를 함에 있어 질병의 예방 및 치료에 효능·효과가 있다거나 의약품 또는 건강기능식품으로 오인·혼동할 우려가 있는 내용의 표시·광고 등을 하여서는 아니 되도록 규정하고 있으므로 질의한 문구는 허위표시·과대광고 범위에 해당 됩니다.

과대광고 행정처분 대상

Q 질문

식품제조·가공업소의 생산 제품을 인터넷 광고로 과대광고한 행위에 대하여 행정처분 사전통지를 한 결과, 통신판매업소에서 광고를 했다는 의견서 제출과 관련하여 식품제조·가공업소와 통신판매업의 행정처분이 어떻게 되는지요?

※ 식품제조·가공업소 제품에 인터넷 도메인 주소를 표시하여 제품 생산

A 답변

「식품위생법」 제13조(허위표시 등의 금지)에서는 누구든지 식품 등에 대한 영양가, 성분 등에 대한 정보를 나타내거나 알리는 행위(용기·포장 및 라디오·텔레비전·신문·잡지·음악·영상·인쇄물·간판·인터넷, 그 밖의 방법)를 함에 있어 사실과 다르거나 과장된 내용의 표시·광고, 질병의 예방 및 치료에 효능·효과가 있거나 의약품 또는 건강기능식품으로 오인·혼동할 우려가 있는 내용의 표시·광고 등을 하여서는 아니 되도록 규정하고 있습니다.

이와 관련하여 식품 등에 대한 정보를 나타내거나 알리는 행위를 함에 있어 누구든지 상기 규정을 위반하여서는 아니 되며, 이를 위반한 모든 자는 처분 대상에 해당될 것입니다.

따라서, 실제 과대광고 내용을 제작하고 광고·판매한 통신판매업자는 물론, 식품제조·가공업소에서도 현품에 도메인 주소를 표시하여 소비자가 해당 사이트에서 제품의 정보를 볼 수 있도록 광고한 점 등을 볼 때 동 규정을 위반한 것으로 볼 수 있습니다.

9. 기타 질의 사항

건강진단 검진주기 기준

Q. 질문

「식품위생법」 제40조(건강진단)의 검진주기 기준이 어떻게 되나요?

A. 답변

「식품위생법」 제40조(건강진단)에 따라 건강진단을 받은 결과 타인에게 위해를 끼칠 우려가 있는 질병이 있다고 인정된 자는 그 영업에 종사하지 못하거나 영업자가 영업에 종사시키지 못하도록 규정하고 있습니다.

상기 규정은 건강진단결과 국민보건에 위해를 끼칠 질병이 있다고 인정된 자는 그 영업에 종사할 수 없도록 하기 위해 1962년 식품위생법 제정 시 마련된 규정으로서, 건강진단의 목적이 종업원의 식품 취급에 대한 안전성을 확인하기 위한 것으로서 건강진단의 검진주기는 건강진단 결과가 나온 '판정일 기준'으로 하는 것이 타당합니다.

건강진단을 받지 않는 자 처분사항

Q. 질문

친구가 운영하는 음식점에서 동창회 모임 후 바빠서 잠시 도와준 것도 처벌 대상인가요?

A. 답변

식품 또는 식품첨가물(화학적 합성품 또는 기구등의 살균·소독제는 제외한다)을 채취·제조·가공·조리·저장·운반 또는 판매하는 일에 직접 종사하는 영업자 및 종업원은 「식품위생법」 제40조 및 같은 법 시행규칙 제49조에 따라 건강진단을 받아야 하나, 완전 포장된 식품 또는 식품첨가물을 운반하거나 판매하는 일에 종사하는 사람은 건강진단을 받지 아니할 수 있습니다.

따라서, 일반음식점에서 상기 내용에 해당되는 일에 직접 종사하는 경우에는 건강진단 대상에 해당되며, 이를 위반할 시에는 같은 법 시행규칙 제67조 관련 [별표 2] 과태료의 부과기준에 따라 건강진단을 받지 않은 영업자는 20만원, 종업원은 10만원을 부과할 수 있습니다.

결핵진단받은 자 영업종사 가능여부

Q. 질문

결핵진단을 받은 자가 영업에 종사할 수 있나요?

A. 답변

「식품위생법」 시행규칙 제50조에 따라 영업에 종사하지 못하는 질병으로 「감염병의 예방 및 관리에 관한 법률」 제2조제2호에 따른 제1군전염병, 「감염병의 예방 및 관리에 관한 법률」 제2조제4호 나목에 따른 결핵(비감염성인 경우는 제외한다), 피부병 또는 그 밖의 화농성 질환, 후천성면역결핍증으로 규정하고 있습니다.

따라서, 건강진단 결과 타인에게 위해를 끼칠 우려가 있는 질병이 있다고 인정된 자는 식품관련 영업에 종사하지 못하도록 규정하고 있습니다.

건강진단대상자 여부

Q. 질문

필리핀 현지 직원이 국내 점포에서 교육을 받을 경우 음료 제조 및 빵 포장 등의 업무가 이루어질 예정입니다. 이럴 경우 보건증 발급을 받아야 하나요?

A. 답변

「식품위생법」 제40조 및 같은 법 시행규칙 제49조(건강진단 대상자)에 따르면 '건강진단을 받아야 하는 사람은 식품 또는 식품첨가물(화학적 합성품 또는 기구 등의 살균·소독제는 제외)을 채취·제조·가공·조리·저장·운반 또는 판매하는 일에 직접 종사하는 영업자 및 종업원으로 한다. 다만, 완전 포장된 식품 또는 식품첨가물을 운반하거나 판매하는 일에 종사하는 사람은 제외한다.'라고 규정하고 있습니다.

따라서, 필리핀 현지 직원이 국내 점포의 식품접객업소에 방문하여 음료제조 및 빵 포장 등을 하여 소비자에게 제공되는 경우에는 건강진단을 받아야 될 것으로 판단됩니다.

기기로 인한 유통기한 표시오류 시 처분기준

Q. 질문

실제 2014.6.30일까지로 표기해야 되나 기계조작 실수로 2013.6.30일로 표기하였을 때 해당되는 행정처분은 무엇인가요?

A. 답변

「식품위생법」 시행규칙 제89조 관련 [별표 23] 행정처분 기준에 따라 유통기한을 표시하지 아니하였거나, 유통기한이 경과한 경우 행정 처분 대상입니다. 다만, Ⅰ.일반기준. 제15호 나목에는 '표시기준의 위반사항 중 일부 제품에 대한 제조일자 등의 표시누락 등 그 위반사유가 영업자의 고의나 과실이 아닌 단순한 기계작동 상의 오류에 기인한다고 인정되는 경우' 행정처분 기준 영업정지 또는 품목·품목류제조정지인 경우에는 정지처분기간의 2분의 1이하의 범위에서 처분을 경감할 수 있도록 규정하고 있습니다.

따라서, 질의하신 경우가 상기에 해당되어 행정처분 경감이 될 수 있는지 등에 대해서는 사용자 실수 등을 현장 단속원이 현장 정황 등을 보고 사실관계 확인을 통해 최종 판단할 사항임을 알려드립니다.

휴업 중 상호 대여 가능 여부

Q. 질문

현재 휴업 중인데 상호를 빌려주고 제품을 생산하고자 하는 경우 이 행위가 가능한가요?

A. 답변

「식품위생법」 제10조(표시기준) 및 제13조(허위표시 등의 금지)에 따라 실제 제조원이 아닌 타 업체의 상호명을 제조원으로 기재한 경우 행정처분 받을 수 있습니다.

영업신고 대상여부
(선상에서 회 썰어주는 행위)

Q. 질문

관광 유람선 선상에서 단순히 활어를 직접 썰어 승객에게 판매한 행위가 「식품위생법」에 위반되나요?

A. 답변

「식품위생법」 시행령 제25조에서는 '식품첨가물이나 다른 원료를 사용하지 아니하고 농산물·임산물·수산물을 단순히 자르거나, 껍질을 벗기거나, 말리거나, 소금에 절이거나 숙성하거나, 가열 하는 등의 가공과정 중 위생상 위해가 발생할 우려가 없고 식품의 상태를 관능검사로 확인할 수 있도록 가공하는 경우에는 신고를 하지 아니 한다'고 규정하고 있습니다.

따라서, 선상에서 손님의 주문에 의해 수산물을 단순히 썬 것은 '수산물'로 판단되어 별도 영업신고 대상에 해당되지 않을 것으로 판단되나, 「식품위생법」 제3조의 식품등의 취급기준을 준수하여야 하며, 식품공전 제 6. 수산물에 대한 규격 중 '더 이상의 가공, 가열조리를 하지 않고 그대로 섭취하는 수산물' 기준·규격에 적합하여야 합니다.

마트 내 시식코너 영업신고 대상 여부

Q. 질문

대형마트의 시식코너가 영업신고 없이 가능한가요?

A. 답변

「식품위생법」 제3조(식품등의 취급)에 식품의 판매는 판매외의 불특정다수인에 대한 제공을 포함하고 있어, 마트를 방문하는 불특정다수 소비자에게 제공하는 식품의 경우에도 「식품위생법」에 따라 판매에 해당하고, 식품의 채취·제조·가공·사용·조리·저장·운반 및 진열을 위생적으로 하도록 하는 등 「식품위생법」에서 정한 사항을 준수하여야 합니다.

다만, 마트에서 자연 상태의 농·임·수산물이나 가공식품을 판매하고자 제품 판매 촉진을 목적으로 서비스 차원에서 비상시적으로 조리하여 시식을 진행하는 경우에는 「식품위생법」에 따른 영업신고 대상으로 보기 어려울 것입니다.

참고로, 가공식품(완제품) 등을 그대로 판매하지 아니하고, 즉석에서 가열·조리를 하여 소비자에게 지속적으로 판매하는 경우에는 즉석판매제조·가공업 영업신고 대상입니다.

수수료 납부 대상 여부

Q. 질문

식품자동판매기영업 신고를 한 법인의 대표자가 임기가 만료되어 새로운 대표자로 변경되는 경우 변경신고와 관련하여 수수료를 납부해야 하나요?

A. 답변

「식품위생법」 제92조 및 같은 법 시행규칙 제97조 관련 [별표 26]에서는 영업신고 변경 시 9,300원의 수수료를 납부하도록 규정하고 있으나, 영 제26조제1호의 변경사항(법인인 경우에는 그 대표자의 성명)인 경우에는 수수료를 면제하도록 규정하고 있음에 따라 이에 해당하는 경우 수수료 면제대상에 해당할 것입니다.

※ 「식품위생법」 제39조에 따라 법인 합병에 따른 영업자 지위승계의 경우 수수료 납부 대상임

교육 명령 이행하지 않을 경우 과태료 처분 대상 여부

Q. 질문

동일 영업자가 교육명령 이행 기간(3개월)에 여러 건의 교육명령을 전혀 이행하지 않은 경우 각각 과태료를 부과하는 것이 타당하나요?

A. 답변

「식품위생법」 제19조의3에 따라 부적합 식품등을 수입한 영업자에 대한 식품안전 교육명령을 한 것에 대해 이를 위반하여 전혀 교육을 받지 않은 경우 각각의 교육명령 건에 대해 과태료를 부과하는 것이 타당할 것입니다.

과징금 산정 시 해당 연도 판단

Q 질문

영업정지 13일 행정처분을 받고 행정소송을 제기하여 영업정지 10일 처분으로 소송 종료된 경우 과징금 부과 시 전년도 매출금액 산정 기준 년도는 어떻게 판단해야 하나요?

※ '13년 행정처분은 법원 판결에 의해 행정처분이 취소되었고, '14년 영업정지 처분 전으로 과징금으로 처분하고자 하는 사항임

A 답변

「식품위생법」 시행령 제53조 관련 [별표 1] 영업정지 갈음 과징금 산정기준에는 '영업정지에 갈음한 과징금부과의 기준이 되는 매출금액은 처분일이 속한 연도의 전년도의 1년간 총매출금액을 기준으로 한다. 다만, 신규사업·휴업 등으로 인하여 1년간의 총매출금액을 산출할 수 없는 경우에는 분기별·월별 또는 일별 매출금액을 기준으로 연간 총매출금액으로 환산하여 산출 한다'고 규정하고 있습니다.

이와 관련하여 '13년 행정처분은 소송으로 법원 판결에 의해 행정처분이 취소되었고, '14년 소송이 종료되어 영업정지 행정처분 전에 과징금으로 처분하고자 하는 경우이므로 처분일이 속한 연도의 전년도는 '13년도가 될 것입니다.

과징금 산정 시
총 매출금액을 알 수 없을 경우

Q. 질문

영업정지 처분에 갈음한 과징금 처분과 관련하여 과징금 산정 시 신규·휴업 등으로 1년간의 총 매출금액을 산출할 수 없는 경우 산정은 어떻게 하나요?

A. 답변

「식품위생법」 시행령 제53조 관련 [별표 1] 영업정지 갈음 과징금 산정기준에는 '영업정지에 갈음한 과징금부과의 기준이 되는 매출금액은 처분일이 속한 연도의 전년도의 1년간 총매출금액을 기준으로 한다. 다만, 신규사업·휴업 등으로 인하여 1년간의 총 매출금액을 산출할 수 없는 경우에는 분기별·월별 또는 일별 매출금액을 기준으로 연간 총매출금액으로 환산하여 산출 한다'고 규정하고 있습니다.

이와 관련하여 신규·휴업 등으로 관할세무서에서 전년도 매출액이 확인되지 않는 경우에는 상기 단서 규정에 의거 분기별·월별 또는 일별 매출금액을 기준으로 연간 총매출금액으로 환산하여 산출하여야 하며, 이때 세무사를 통한 매출액 산정자료로 연간 매출액을 환산하여 과징금 처분이 가능할 것입니다.

과태료 처분 대상 여부

Q. 질문

「영유아보육법」에 의한 어린이 집(집단급식소와 아닌 경우 포함)이 「식품위생법」 제3조(식품 등의 취급)의 적용 대상으로 조리종사자 위생모 미착용, 유통기한 경과 식품 보관 등의 경우 과태료 처분 대상인가요?

A. 답변

「식품위생법」 제3조에서는 누구든지 판매(판매 외의 불특정 다수인에 대한 제공을 포함)를 목적으로 식품 또는 식품첨가물을 채취·제조·가공·사용·조리·저장·소분·운반 또는 진열을 할 때에는 깨끗하고 위생적으로 하여야 한다'고 규정하고 있으며, 같은 법 시행규칙 제2조 관련 [별표 1] 식품등의 위생적인 취급에 관한 기준에서는 식품 등의 제조·가공·조리 등에 직접 종사하는 사람은 위생모를 착용하는 등 개인 위생관리를 철저히 하고 유통기한이 경과된 식품을 판매하거나 판매의 목적으로 진열·보관하여서는 아니 되도록 규정하고 있습니다.

 이와 관련하여 어린이 집에서 식품 등을 조리하여 급식을 하는 경우 상기 규정을 준수하여야 하며 이를 위반한 경우 같은 법 시행규칙 제100조에 따라 과태료 부과대상에 해당할 것입니다.

과징금 산출기준

Q. 질문

저희 업체 매출액 중에 식품용 판매, 식품용 외 판매, 수출 매출이 이렇게 세 가지로 진행이 되는 업체입니다. 과징금 산출기준은 어떻게 하나요?

A. 답변

「식품위생법」 시행령 제53조(영업정지 등의 처분에 갈음하여 부과하는 과징금의 산정기준)에서는 "법 제82조제1항 본문에 따라 부과하는 과징금의 금액은 위반행위의 종류와 위반 정도 등을 고려하여 총리령으로 정하는 영업정지, 품목·품목류 제조정지 처분기준에 따라 별표 1의 기준을 적용하여 산정한다"고 규정하고 있습니다.

이와 관련하여 영업정지에 갈음하는 과징금부과 산정은 위반사항이 발생하여 행정처분을 받은 식품 관련 해당 업종에 대한 연간매출금액으로만 산정하여 과징금을 부과하는 것이 타당합니다.

과징금 분할 납부 가능 여부

Q 질문

영업정지 등의 처분에 갈음하여 부과하는 과징금 부과 후 과징금 미납부(1회 독촉 포함)로 과징금 부과처분취소 후 영업정지기간에 대한 시작일 여부 및 과징금 부과 시 분할 납부가 가능한가요?

A 답변

「식품위생법」시행령 제55조에 따라 과징금 미납부시 1회의 독촉을 받고 그 독촉을 받은 날부터 15일 이내에 과징금을 납부하지 아니한 때에 과징금 부과처분 취소 대상자에 해당됨에 따라 행정처분은 독촉납부일 다음날부터 행정처분 시작일로 보는 것이 타당할 것입니다.

또한,「식품위생법」시행령에 따른 과징금의 징수절차에 관하여는「국고금관리법 시행규칙」을 준용하도록 규정하고 있으며, 동 규정에 따라 분할 납부가 가능합니다.

공소기각 결정 시 행정처분 가능 여부

Q. 질문

일반음식점에서 청소년 주류 제공으로 적발, 검찰에서 약식기소(벌금 50만원) 처분되어 행정처분을 진행하던 중 영업주(부인) 사망에 따라 남편이 정식재판을 청구하여 법원으로부터 공소기각 결정을 받은 경우 동 위반행위에 대하여 행정처분이 가능한가요?

A. 답변

청소년 주류 제공으로 벌금 처분을 받은 것은 위반행위가 인정된 것이므로 「형사소송법」에 따른 공소기각 결정과 상관없이 「식품위생법」 위반사항에 대해 행정처분을 하는 것이 타당할 것입니다.

※ 공소기각 : 형사소송법 제328조(공소기각결정) 제1항제2호에 따라 피고인이 사망한 경우 공소를 기각하도록 규정하고 있음.

약사법 위반 제품 행정처분 가능 여부

Q 질문

즉석판매제조·가공업소에서 식품의 원료로 사용할 수 없는 목통 등의 한약재(한약 규격품)를 사용하여 한약을 조제한 것에 대해 「약사법」 위반으로 적발된 것과 관련하여 「식품위생법」으로도 행정처분이 가능한가요?

A 답변

「식품위생법」 및 「약사법」은 입법 취지가 다르므로 각 해당 법을 위반한 경우 각각에 대해 처분이 가능할 것으로 판단되며, 즉석판매제조·가공업자는 식품제조·가공 등의 원료로 사용하여서는 아니 되는 원료를 사용하여서는 아니 됨에 따라 이를 위반한 경우 「식품위생법」 제7조제4항을 적용하여 행정처분이 가능할 것으로 판단됩니다.

사용금지 원료 판매 시 행정처분 기준

Q. 질문

식품제조·가공업소에서 식품원료로 사용이 금지된 꾸지뽕 나무의 뿌리와 줄기를 사용하여 식품(음료베이스)를 제조하여 인터넷 홈페이지 등을 통해 판매한 경우 행정처분 기준 및 회수대상 제품인가요?

A. 답변

현행 '식품공전' 제2.식품일반에 대한 공통기준 및 규격 2. 식품원료 기준에 따라 꾸지뽕나무의 줄기와 뿌리는 안전성과 건전성이 입증되지 않아 식품원료로 사용할 수 없습니다.

따라서, 이를 원료로 식품을 제조·가공하여 판매한 경우「식품위생법」제7조 위반으로 동법 시행규칙 제89조 관련 [별표 23] 행정처분기준 Ⅱ.개별기준 4호 너목(식품제조·가공 등의 원료로 사용하여서는 아니 되는 동·식물을 원료로 사용한 것)을 적용하여 '품목제조정지 15일과 해당제품 폐기'를 하여야 할 것으로 판단됩니다.

아울러,「식품위생법」시행규칙 제58조 관련 [별표 18] 및 '식품등의 위해식품 회수지침' Ⅱ.2.나. 회수등급 분류기준에서는 '기타 식품의약품안전처장이 식용으로 부적절하다고 인정한 동·식물'을 회수 1등급으로 분류하고 있음에 따라 질의한 제품은 회수대상에 해당됩니다.

영업정지 처분 중 폐업신고 가능 여부

Q. 질문

휴게음식점에서 「식품위생법」을 위반하여 행정청에서 영업정지처분 사전통지를 하던 중 위반업소가 동 기간에 자진폐업 신고서를 제출한 경우 이의 신고수리가 가능한가요?

※ 동 기간 중 폐업신고를 수리할 경우 처분 회피 목적으로 폐업신고를 하고 제3자를 내세워 계속 영업 가능 등 처분 취지 및 영업허가 제한 등에 반하는 문제 제기

A. 답변

「식품위생법」 제37조제8항에서는 폐업하고자 하는 자는 법 제71조부터 제76조까지의 규정에 따른 영업정지 등 행정제재 처분 기간 중에는 폐업신고를 할 수 없도록 규정하고 있습니다.

또한, 선고2001구 230판결에 따르면 '행정제재처분의 절차가 진행 중인 때'는 행정청에서 행정제재처분의 절차를 구체적으로 진행시키고 있는 때는 물론, 그렇지 않더라도 '영업자의 위반행위가 있고, 그 사실이 수사기관이나 행정청에 의하여 밝혀져서 언제든지 행정체재처분의 절차를 진행시킬 수 있는 때'를 포함하는 것이라고 해석하는 것이 옳다고 판시하고 있습니다.

따라서, 상기 내용 등을 고려할 때 행정처분 절차가 진행 중인 때를 행정제재 처분 기간 중으로 보아 폐업신고를 수리하여서는 아니 됩니다.

체납자 행정처분 가능 여부

Q. 질문

「지방세기본법」 제65조제2항에 따라 지방세 체납자에 대해 사업정지 등 관허사업의 제한 요구가 있는 경우 행정처분(영업정지)이 가능한가요?

※ 처분이 가능하다면 처분명령을 위반한 경우 식품위생법 제75조 적용 여부?

A. 답변

「지방세기본법」 제65조에 의하면 '지방자치단체의 장은 지방세를 체납자한 경우 그 사업자의 사업의 정지 또는 허가등의 취소를 주무관청의 장에게 요구할 수 있고 이러한 요구가 있는 경우 주무관청의 장은 정당한 사유가 없으면 이에 따라야 한다'고 규정하고 있습니다.

따라서, 정당한 사유가 없는 경우 영업정지 처분을 하여야 할 것으로 판단되며, 영업정지 명령을 위반하여 영업을 했을 경우 동법 제75조(허가취소 등)를 적용하여 영업등록 취소 등을 하여야 할 것으로 판단됩니다.

과태료와 함께 행정처분 가능 여부

Q 질문

품목제조보고를 하지 아니하고 제품을 생산·판매(400kg)한 행위에 대하여 「식품위생법」 제37조제6항(영업허가 사항 미보고) 위반으로 과태료 처분만 해야 하는 것인지? 동법 시행규칙 제55조 영업자 준수사항(원료수불부 및 작업·생산일지 작성)을 위반한 행위도 행정처분이 가능한가요?

A 답변

품목제조보고 미보고하고 제품을 생산하여 실제 400kg을 유통하였으므로 품목제조보고 미보고 위반과 함께 영업자 준수사항인 생산 및 작업 기록 등에 관한 서류를 작성·보관(3년)하도록 하는 행위를 위반한 것에도 해당 할 것으로 판단됩니다.

야간에 출입·검사 가능 여부

Q. 질문

관계 공무원이 「식품위생법」 제22조(출입·검사·수거 등)에 따라 야간에 업소를 방문하여 위생 점검 등을 강제할 수 있나요?

※ 사실관계 : 지자체 담당 공무원이 과태료 체납 독촉 및 위생 점검 등을 위해 야간(21:25경)에 업소(일반음식점)를 방문하자 영업주가 주간에 올 것을 요구했으나 퇴거하지 않자 약10분간 감금함

A. 답변

「식품위생법」 제22조에서는 식품의약품안전처장, 시·도지사 또는 시장·군수·구청장은 식품 등의 위해방지 위생관리와 영업질서의 유지 등을 위하여 필요하면 관계 공무원으로 하여금 출입·검사·수거 등의 조치를 할 수 있도록 규정하고 있습니다.

영업 특성상 야간에만 영업(제조·판매·소분·운반·조리 등) 행위를 하는 업소이거나, 위반행위가 야간에만 이루어져 야간 잠복·단속 등이 필요하다고 시장·군수·구청장 등이 판단한 경우 그 명에 따라 관계 공무원은 야간에도 출입·검사·수거 등의 업무를 수행할 수 있을 것으로 판단됩니다.

식품위생법 질의답변집

초판 인쇄 2015년 02월 17일
초판 발행 2015년 02월 24일
저자 식품의약품안전처
발행처 진한엠앤비
주소 서울시 서대문구 독립문로 14길 66 210호
　　　(냉천동 260, 동부센트레빌아파트상가동)
전화 02) 364 - 8491(대) / 팩스 02) 319 - 3537
홈페이지주소 http://www.jinhanbook.co.kr
등록번호 제313-2010-21호 (등록일자 : 1993년 05월 25일)
ⓒ2015 jinhan M&B INC, Printed in Korea

ISBN 978-89-8432-956-0 (93570)　　[정 가 : 20,000원]

☞ 이 책에 담긴 내용의 무단 전재 및 복제 행위를 금합니다.
☞ 잘못 만들어진 책자는 구입처에서 교환해드립니다.
☞ 본 도서는 「공공데이터 제공 및 이용 활성화에 관한 법률」을 근거로
　 출판되었습니다.